从拖延到自律

用福格模型战胜拖延症

格桑·著

B=MAT

中国纺织出版社有限公司

内 容 提 要

每个人都有可能与拖延不期而遇，陷入心有余而力不足的窘境中，如何把自己从拖延的沼泽里拉出来，也成了打造高效工作与优质生活的必修课。本书结合福格行为模型的三大因素——动机、能力和触发机制，深入探讨了为什么我们会在某些特定时刻、特定问题上选择拖延，并提出减少行动阻力、促使积极行为发生的有效策略，特别是在触发机制的环节，针对"想动而不能动"的困境，提出了简单易行的处理方法。本书融合了大量的实际生活案例以及经典的心理学知识，让读者可以清晰地理解自己拖延的诱因，并根据需要有选择性地找到适用的解决办法。

图书在版编目（CIP）数据

从拖延到自律：用福格模型战胜拖延症 / 格桑著 . —北京：中国纺织出版社有限公司，2021.9
ISBN 978-7-5180-8675-7

Ⅰ. ①从… Ⅱ. ①格… Ⅲ. ①成功心理—通俗读物 Ⅳ. ①B848.4-49

中国版本图书馆CIP数据核字（2021）第131700号

责任编辑：郝珊珊　　责任校对：高　涵　　责任印制：储志伟
中国纺织出版社有限公司出版发行
地址：北京市朝阳区百子湾东里A407号楼　邮政编码：100124
销售电话：010—67004422　传真：010—87155801
http://www.c-textilep.com
中国纺织出版社天猫旗舰店
官方微博 http://weibo.com/2119887771
天津千鹤文化传播有限公司　各地新华书店经销
2021年9月第1版第1次印刷
开本：880×1230　1/32　印张：6.5
字数：176千字　定价：48.00元

凡购本书，如有缺页、倒页、脱页，由本社图书营销中心调换

前 言

为什么阿乔没有去跑步?

阿乔计划隔天跑5公里,可一个月下来,他完成的次数屈指可数。

每次跑步之前,阿乔都会进行一番强烈的心理斗争,到底是跑还是不跑?结果,80%的概率都是后者占据上风。其实,阿乔并不是完全不想跑,否则就不用纠结了,可为什么他总是在跑步这件事上拖延呢?当拖延发生时,他在想什么?在做什么?

——"我现在的身体还算健康,也没有超重……"

25岁的阿乔,身体素质一向很好,平时也不太爱生病。所以,跑步锻炼这件事,对他来说算不上那么重要,毕竟既没有影响到健康,也没有影响到样貌,没有迫切要解决的问题催促着他去完成这件事。人都是趋乐避苦的,可做可不做的事,拖延也就在情理之中了。

——"加班太狠了,实在没有精力和体力去跑步。"

阿乔没有说谎,有一周为了给客户出图,他几乎天天都要加班到晚上9点,那个周末也变成了单休。况且,通勤路上单程要花费1个半小时,阿乔回到家时已经精疲力尽,瘫在沙发上懒得动弹。

——"朋友介绍了一款解密游戏,玩入迷了,忘了去跑步。"

这样的情况很常见,沉浸在一款有趣的游戏里,或是追一部精彩刺激的悬疑剧,抑或是被其他事物缠身,从而忘记了去做某一件事，导致了该事被拖延。

关于阿乔拖延跑步这件事，综合上述所列的因素，我们可以归纳为三点：

第一，完成跑步计划的动力不足，或者说没有迫切想要完成它的动机。

第二，完成跑步计划的能力不足，这里所说的能力是指时间、精力、体力等。

第三，完成跑步计划的触发机制不足，如闹铃提醒、便利贴提示等。

当然了，不能说所有的拖延都是源自上述因素，还有很多心理因素要考虑其中，比如有些人害怕承担责任、过分追求完美主义、用拖延的方式来表达内心的抗拒与不满等。但，如果解决了上述的几点关键问题，是否有助于我们改善拖延的问题呢？

答案是肯定的，而上述的三个关键点，恰恰是"福格行为模型"的三大构成要素。

我们都知道，终结拖延的直接武器是采取行动，然而在"想做"和"做"之间却隔着一道艰难的鸿沟，一旦越过了这道鸿沟，拖延的模式就将被打破。那么，怎样说服自己行动呢？

福格行为模型，解决的正是这一问题。

福格模型是斯坦福大学的福格博士提出的，这一模型理论也称为B＝MAT，其中B代表行为（Behavior），M代表动机（Motivation），

A代表能力（Ability），T代表触发（Triggers）。福格认为，要使人们完成特定的行动，必须具备充分的动机、完成这一行为的能力、促使人付诸行动的触发器，三者缺一不可。

动机存在内外和强弱之分，是发自内心想要做一件事，还是迫不得已，或是人云亦云？不同的动机，对行为的影响是不一样的。结合过往的经历回味一下："不达目的不罢休"和"做不做两可"的内心态度，给你带来的冲击感和驱动力有多大差别？

具备了动机，不代表可以立即执行，或是较好地执行。因为有效的行动需要能力的支撑，比如制订目标、做事方法、时间管理，这些都是决定效率和结果的重要因素。如果只是心里想做，而不知道具体该怎么做，同样会引发拖延。可能这种拖延并非主观意愿，但心理上的恐惧和焦虑，以及执行方法的偏差，还是会让拖延发生。

有了动机和能力，还需要触发，这也是影响行为发生的重要因素。

你很想带父母去旅行，也具备这个实力，可如果不设定具体的时间期限，恐怕这件事又会沦为"以后有机会……"，这个"以后"是什么时候呢？倘若就定在自己生日当天带父母去出游，那么"生日"就是一个触发机制，时刻提醒你还有多久要去实施这个计划。

你很想写一本书，文笔也不错，可如果不设定截稿日期，这个愿望多半只是一个愿望，而不会被排上日程。如果你设置了一个deadline（截止日期），并按计划制订每周完成5000字，那么一本10万字的初稿，半年后就可以成形。

总而言之，一个人有了足够的动机，且有能力去做到，并有一个触发器来提醒的时候，预期行为才最有可能发生。今后，当你在生活中与拖延不期而遇的时候，也不妨借助福格行为模型来帮自己做一个"诊断"，看看问题究竟出在哪个环节？然后，再有针对性地去解决。如果你正在被拖延困扰，相信这本书会为你提供一个认识和解决拖延症的新视角、新思路以及新方法，从而帮助你有效地战胜拖延，行动起来！

格桑

2021年春分

目 录

第一辑　拖延背后的心理动机：苦VS乐的较量 ‖ 001

情景1：明知道有事要做，为什么还在浪费时间 ‖ 002

情景2：心里想着早睡，刷抖音的手却停不下来 ‖ 006

情景3：一想到走20分钟才能到健身房，我就不想动了 ‖ 010

情景4：身心俱疲的时候，对一切都丧失了热情 ‖ 013

情景5：拥有充实假期的愿望，无数次地败给了赖床 ‖ 016

第二辑　直视内心：当你拖延时，你在逃避什么 ‖ 019

症结1：习惯性忧虑，凡事都往坏处想 ‖ 020

症结2：苛求完美，总渴望万无一失 ‖ 023

症结3：心里不喜欢的事，没办法提起兴致 ‖ 026

症结4：把主观时间与客观时间混为一谈 ‖ 029

症结5：逃避责难，不用为失败负责 ‖ 032

症结6：不相信自己可以做到，索性就不去做 ‖ 035

症结7：对远离心理舒适区产生了阻抗 ‖ 038

第三辑　战胜拖延的实质：动力＞阻力 ‖ 041

拖延＝阻力＞动力，行动＝动力＞阻力 ‖ 042

减少阻力武器1：回想折磨人的愧疚感 ‖ 043

减少阻力武器2：不做无谓的利弊权衡 ‖ 045

减少阻力武器3：刻意改变外部的环境 ‖ 048

减少阻力武器4：分配或引导注意力 ‖ 051

减少阻力武器5：调整内心的期望值 ‖ 054

激活动力工具1：深层的价值取向 ‖ 057

激活动力工具2：想象自己行动的样子 ‖ 060

激活动力工具3：利用社会性动机 ‖ 062

激活动力工具4：积极正向的暗示 ‖ 065

激活动力工具5：及时地奖励自己 ‖ 067

第四辑　WOOP思维：打破"想到做不到"的困局 ‖ 071

WOOP思维＝心理比对＋执行意图 ‖ 072

实践练习：WOOP思维的具体运用 ‖ 075

谁都有愿望，但不是谁都会制定目标 ‖ 078

没有deadline的目标，很难不拖延 ‖ 081

大目标令人畏惧，小目标更容易坚持 ‖ 084

目标评估与修正的方法与原则 ‖ 087

第五辑　重视精力管理，人人都可以不拖延 ‖ 091

精力不足是拖延的生理基础 ‖ 092

吃什么样的食物，决定着你的状态 ‖ 095

及时叫停压力，别等到身心被掏空 ‖ 099

杜绝"连轴转"，精力也需恢复 ‖ 102

精力是稀缺资源，学会拒绝很必要 ‖ 107

变更工作的内容，同样是一种休息 ‖ 111

掌握丢弃的艺术，减少精力的耗损 ‖ 115

完成那些未完成的事，腾出心理空间 ‖ 118

战胜拖延不能靠意志力，要靠仪式习惯 ‖ 121

第六辑　有效是做正确的事，效率是正确地做事 ‖ 127

思考力是一个人最核心的能力 ‖ 128

混乱的信息会阻碍正常的思考 ‖ 131

别总追求快，最高的效率是不返工 ‖ 133

越不喜欢的事情，越不能往后拖 ‖ 137

杜绝"工作1分钟，闲游1小时" ‖ 140

四象限法则：做事要分轻重缓急 ‖ 143

掌握5S整理法，避免因杂乱而分心 ‖ 147

训练结构性思维，解决问题讲究逻辑 ‖ 152

第七辑　触发行动的欲望，让拖延到此为止 ‖ 157

　　触发的本质是告知：Just do it now ‖ 158

　　设计特定的环境，让行为发生改变 ‖ 161

　　把deadline提前，制造危机的感觉 ‖ 163

　　屏蔽感受的过程，用行动满足需求 ‖ 165

　　调动最少的资源去完成"第一步" ‖ 168

　　体验到有所进展，才能够持续下去 ‖ 170

第八辑　抗拖这一场持久战，别输在情绪上 ‖ 173

　　消极与拖延是一对"共生体" ‖ 174

　　少想一点"如果"，多去思考"如何" ‖ 177

　　因恐惧而拖延时，你是在滋养恐惧 ‖ 181

　　我不想上班：令人沮丧的职业倦怠 ‖ 184

　　让"黑色星期一"不再充满忧郁 ‖ 188

　　学会为自己营造积极的工作氛围 ‖ 191

　　摒弃消极的完美，当个最优主义者 ‖ 194

第一辑

拖延背后的心理动机：苦VS乐的较量

> 不管意识层面的企图是什么，我们的内心都有一些反面的力量，在不断推动、诱惑甚至决定我们的行为，哪怕我们曾有意识地去抵抗这些力量。
>
> ——罗曼·格尔佩林《动机心理学》

情景1：明知道有事要做，为什么还在浪费时间

一周之前，老板就交代CC，新产品的创意说明书要赶紧做，并给出3天的期限。

接到这个任务后，CC就在脑子里构思了好几个版本，如果从中选取其一，再以文字的方式呈现，估计有一天的时间就可以搞定。她好几次下定决心认真工作，希望早点完成，可每次刚要投入其中，又开始"逃避"这件事，随手就打开了微博的网页。

到了第二天夜里，CC内心的焦虑感噌噌地往上冒，搅得她无心睡眠。她是真的着急了，从床上腾地坐起来，然后直奔书桌，打开电脑开始奋笔疾书。她非常专注，没有刷手机，没有逛购物网站，即使这些都是她平时最喜欢的娱乐活动。她满脑子想的都是新产品的内容，只是偶尔会闪现出一个画面——老板发现自己没完成工作，脸色超级难看，撂下狠话……尽管这个画面只闪现了两三秒，她却已经不寒而栗，立马又把注意力拉回到工作中。

不知不觉，天已经蒙蒙亮了。熬了一个通宵后，CC总算可以勉强交差了。她眯了一个小觉，起身洗了个澡，就去公司了。路

上，CC满心愉悦，虽然有点困，可毕竟完成了老板交代的任务，内心是轻松的。回想起前一晚的焦虑状态，CC暗下决心："以后再也不这么拖了，把自己逼得像热锅上的蚂蚁，真是煎熬。"

CC的决心是真的，可类似这样的决心，她已经下过n多次了。结果，下一次做事还是会拖，似乎不到最后一刻，总是没办法让自己行动起来。她也搞不懂，为什么自己明知道有事情要做，却还会在那些无聊又琐碎的事情上浪费时间？

不到最后一刻不行动，对于CC这样的情况，特拉华大学（University of Delaware）的心理学家马文·朱克曼（Marvin Zukerman）认为：这类人需要肾上腺素迅速上升带来的刺激感，宣称有压力才有动力，在高压下做事，才能获得这种刺激感。只不过，这种刺激感是劣质的。朱克曼教授解释说："你一次又一次地推迟完成任务，直到越来越接近截止日期，你错误地认为，这是最好的完成任务的方法。在推迟任务时，你所经历的任何一种情感上的满足并不是你继续拖延的动机所在。相反，你所经历的'刺激'感是在时间所剩不多的情况下，匆忙赶工产生的一种焦虑感，这种情感是拖延产生的结果，而非原因。"

CC之所以最后能够完成新产品说明书的任务，是因为她知道：如果不完成这项工作，会被老板狠批，甚至遭到解雇。这一可怕的后果，促使CC做出了妥协。换言之，CC不是真的实施"写新品说明书"这一行为，她只是想要"写完新品说明书向老板交差"

这一结果。

个体对行为本身的意愿，与其对行为带来的结果的意愿，都是个体最终是否行动的动机因素。每个因素都如同一个力，如果两个力的方向相对，哪个动机因素更强，它就掌控了个体行为的决定权。以CC为例，构思撰写新品说明书的过程（行为）是F_A，把完成的新品说明书交给老板（结果）是F_B，很显然$F_B>F_A$，因为CC不想被老板批评，更不想失业，所以即便是加班熬夜，她也必须要把新品说明书写出来。

以上所描述的，就是拖延者在最后期限来临前选择行动的心理过程。至此，我们已经知道，促使拖延症最终采取行动的诱因是焦虑。心理学研究证实，人们对未完成的事件都会感到焦虑，且这种焦虑感在最后时刻更为明显。

可能你会产生疑问：为什么焦虑感会激发拖延者在最后时刻选择行动呢？这就触及了问题的关键，人类动机的心理本质到底是什么？

其实，问题的答案很简单，就是我们耳熟能详的四个字——趋乐避苦！

快乐和痛苦这两种感觉，作用于人类的各种认知和行为之中。在19世纪末20世纪初，心理学家们就已经广泛接受并认可一个观点：增强快乐、规避痛苦是人类心理最基本的动机，也是其他一切心理功能的基础。毫不夸张地说，我们能够在所有的动机背后找到这种心理上的力量，任何能被称为动机的因素都源于此。

我们都知道，焦虑的滋味很难受。按照趋乐避苦的原则，我们一定会努力规避让自己体验到焦虑的事物。如果焦虑是由某件未来要做的事情引起的，那我们就会选择不做这件事；如果焦虑是由不做某件事引起的，焦虑就会驱使我们去做这件事。

结合拖延者CC的情况来分析，理解起来会更清晰：接到新的工作任务时，必然会引发一定的焦虑感，为了规避这种焦虑感，CC就选择了拖延。随着最后期限的临近，如果CC继续保持不写新品说明书的状态，她肯定会被老板批评，甚至被解雇。为了规避令人畏惧的后果，CC在强烈的焦虑感的驱使下，选择熬通宵来完成工作任务。

透过上述的分析，有没有发现一个真相：在面对全新的挑战时，我们都会感到焦虑，这是再正常不过的事。然而，想要利用拖延来缓解这份焦虑，实属下下策。因为拖延不会让这件事变得容易，只会不断地压缩时间期限，让处理问题的难度加大，让焦虑感越来越强。除非，你已经准备好了应对最坏结果的打算，否则还是趁早面对吧！

情景2：心里想着早睡，刷抖音的手却停不下来

多年前，热播韩剧《我叫金三顺》里有一个桥段：女主角金三顺决定减肥，走进咖啡厅后，她心里默默地念叨："拿铁咖啡热量太高了！我要戒掉拿铁咖啡，要把赘肉甩掉！"然而，真到了点单的那一刻，她脱口而出："麻烦给我一杯拿铁咖啡，要加很多很多糖浆！"

每次想起这处情节，KIKI都会感慨："当年嘲笑剧中事，如今已是剧中人。"

KIKI嚷嚷减肥已经不是一年两年了，可美食就像是减肥路上的拦路虎，总是冷不防地搞袭击。所以，就像三顺那样，KIKI空有一颗减肥的心，却管不住贪吃的嘴。她的减肥大计总是三分钟热度，开始和结束之间的距离，通常不超过15天。除了减肥这件事，更让KIKI痛苦的是睡眠问题，毕竟改变每天迷迷瞪瞪的状态比减肥难得多了。

KIKI每天下班到家的时间是7点钟，一路通勤很是疲累，她非常希望养成早睡的习惯，给自己争取8小时的睡眠时间。然而，每

拖延背后的心理动机：苦VS乐的较量

次都是9点钟爬上床，过了12点钟还没有合眼，心里默念着"今天要早点儿睡"，刷着抖音的手却怎么也停不下来。有时，劝慰自己说再玩10分钟，结果却任凭好几个10分钟悄悄溜走；有时，强迫自己放下了手机，辗转反侧几分钟，心里像长了草，又忍不住拿起了手机。

KIKI将这样的情形戏谑为：身体和灵魂发生了矛盾，熬夜是灵魂渴望找回自己对生活的掌控感。这样的解释也有一定的道理，毕竟白天的时间大都给了公交地铁、老板、同事、客户，下班后还要陪伴家人，尤其是家里有小孩的妈妈们，感触比KIKI更深。终于到了夜深人静的时候，没有任何人的干扰，不用满足其他人的需求，可以做点自己喜欢的事了。遗憾的是，此时往往已是深夜了，身体该休息了，可灵魂的生活才刚刚开始，怎么舍得睡去呢？

这是从生活和情感层面对"想早睡却忍不住玩手机"这一行为的解释，如果从趋乐避苦的心理机制层面分析，我们可以这样来理解：KIKI玩手机的这一行动，与将来的预期结果（早晨起不来，白天精力不足）发生了冲突，但玩手机的快乐是瞬时产生的，不用动脑子，很容易就能获得。相比而言，早睡带来的快乐则需要一个漫长的过程，得逐渐养成习惯，才能凸显出它的益处。此刻，两个力之间的较量再次出现了。猜猜看，谁更容易占据上风？

快乐并不是常态，而是瞬时的情绪。正因为此，我们在生活中才难以抗拒那些廉价的快乐。关于这一点，乔纳森·海特在《象与骑象人》中如是写道："我们的内心、情感会记住每种行为立即产生的快乐或痛苦，但是如果行为是星期一做的，成功则是在星期五才实现，它就没办法把两者联结在一起。"

- 为什么减肥的决心会败给甜美的奶油蛋糕？
- 为什么明知熬夜不好还是忍不住频刷手机？
- 为什么玩游戏永远比背单词更让人兴奋？
- 为什么情绪不好的时候很容易冲动消费？
- ……

我想，现在你应该知晓了这些问题的答案：无论是吃蛋糕、玩手机，还是打游戏，其本质上都是一样的，就是投入其中立刻就能回馈给人以快乐，哪怕它是廉价的、劣质的。然而，要培养健康的饮食习惯，要忍受锻炼时和锻炼后的肌肉酸痛，要不断重复地学习才能记住和熟练运用一个知识点，都是艰难的过程！尽管这些事情在达到目标后可以带给我们更大、更好的收益，可是大脑很难将两件相隔时间较长的事情的因果关系连在一起。所以，在趋乐避苦的本能面前，90%都是即时反馈占据上风。

几乎所有的"坏"习惯，都与劣质快感脱不了干系，这也是诱发拖延的一个重要原因。虽然趋乐避苦的本能很强大，但也不意味着问题无法解决。乔纳森·海特在《象与骑象人》中给出了非常有价值的建议，这也是解决拖延症的两个重要方向："记得做让你怦然心动的事，或把事情变成怦然心动。"关于这两点，我们会在后续的内容中详尽介绍。

总之，想要终结拖延的恶习，学会延迟满足至关重要；如果自控力不够，就远离获得即时快感的环境和触发机制。当大脑被那些低密度、高反馈的东西充满后，就会排斥思考，排斥长期投入。更可怕的是，当你逐渐适应了这种唾手可得的满足感后，大脑的"兴奋阈值"会不断提升，让你更加依赖虚拟的满足感，陷入恶性循环中。

情景3：一想到走20分钟才能到健身房，我就不想动了

拖延令人痛苦的地方在于，明明心里是想做这件事的，可就是觉得身不由己，没有办法投入到真实的行动中。导致这种情况的原因，在前面两个小节中，我们已经做了一些分析：

其一，只想要结果，不想要行动，如：想变瘦（减肥的结果），却不想控制饮食，也不想运动（减肥的过程），好的结果激发的动力不足以消除对行动本身的厌恶。

其二，无法抗拒诱惑，贪图劣质快感，如：明知道吃甜食对身体无益，更无益于减肥，却无法抵挡奶油蛋糕的美味；明知道长时间玩游戏耽误时间、伤害眼睛，却忍不住想通关，毕竟一局下来就能知晓结果，但一天下来也感觉不到近视在加深。

如果说，我们既喜欢某项活动本身，对这项活动的结果也有积极的意愿，是不是就可以避免上述问题，立刻行动不拖延呢？很遗憾，现实的情况没有这么乐观！

Suzy热衷于健身，很享受运动过程中大汗淋漓的状态，更喜欢

在运动后对着镜子欣赏自己越发明显的肌肉线条。毫无疑问,她对健身和健身的结果都有十分积极的意愿。可即便如此,Suzy依然没有逃离拖延的困扰,因为从家里到健身房需要步行20分钟,而健身房所在路段是步行街,不可以开车。每次健身之前,一想到这段步行的路程,Suzy的热情瞬间减半,有时真就瘫在沙发上无法动弹。

看到这里,你应该能够更进一步地理解:为什么拖延总是频频发生,且无比顽固?健身和健身的结果都是Suzy想要的,可她却不想要开始健身之前的准备工作。现实中,无论是什么样的活动,都存在这种入门障碍,我们必须要激活能量迈过它,才能够真正地进入到一项活动中。很多时候,恰恰就是这个"门槛儿",阻碍了我们的行动,哪怕这项活动我们是发自内心的喜欢,且这项活动的结果从长远来看也是积极有益的。

所以说,不能单纯地把要做的事情分解成"活动本身"和"活动结果"两部分,还要考虑到"活动准备"这一因素,因为准备工作是具有消耗性的,且经常会成为开始一项活动的"拦路虎"。如果说这项活动本身就不是自己喜欢的,如不喜欢健身,只是想要通过健身获得好身材,那么遇到"走路20分钟才能健身房"的入门障碍时,行动会变得更加艰难!

当我们想完成一项活动时,脑海里进行角逐的是三个部分,即:准备工作、活动本身、活动结果,这三个部分会分别带给我们快乐或痛苦的体验。

·准备工作:开始一项活动是否会让我们感到快乐,取决于准备阶段需要付出的努力程度。如果不用付出太多努力就能做到，比如"Suzy家的楼下就是健身房"，那么她会很愉快地奔向那里，而不会为了"20分钟的步行路程"而发憷。

· 活动本身：一项活动本身是否让人感到快乐，取决于我们对这项活动的预期，也就是脑海中对未来活动潜在的快乐的想象和呈现。通常来说，我们的潜意识会维护最近的经历，且更偏重不太愉快的经历，比如最近背的单词都很晦涩，就会导致我们抵触这件事，潜意识里会想要拖延；再如从来没有体验过自驾游，对这项活动的预期存在诸多不确定，因而就会感受到焦虑带来的些许不悦。

· 活动结果：一项活动的结果往往会让我们产生诸多的情绪，对结果的预期不是兴奋就是焦虑，也可能会让人感到厌恶或恐惧，甚至是渴望结束。

要彻底解决拖延的问题，以上的三个部分都要考虑其中，哪一个环节出了问题，都可能无法顺利行动。然而，在实际生活中，我们很难同时想到这三个部分，它们往往是交替出现的，有时会在几秒钟内接连出现。在多数情况下，我们最先想到的是活动本身（当活动是有趣的、令人兴奋的）和活动结果（当结果会带给人压力时），最后才会想到准备工作。

通常情况下，我们会先在活动本身和活动结果之间进行一番心理较量，胜出者再跟准备工作进行较量。所以，要战胜拖延并不容易，有动机、有能力，还要有触发机制，否则的话，即便是愿意做，也有能力做，却会因为准备工作太复杂、太辛苦，而让行动化为泡影。

情景4：身心俱疲的时候，对一切都丧失了热情

在什么样的情况下，人的意志力最薄弱，异常容易被拖延缠身？

Lucas是自由职业者，没有通勤打卡的制约，但他一向很自律，每天都可以保证有5~6小时专注于工作。然而，这并不意味着拖延不会造访他的生活。上一周，Lucas几乎就没有做事，原因是患了肠胃炎，呕吐腹泻，非常难受。

患病期间，Lucas对一切都丧失了热情，工作、吃饭、看综艺节目……统统都被抛诸于脑后，根本没心思去考虑，他所有的注意力和感受力都集中于自己的腹部，肠胃的蠕动和疼痛感、胃里咕噜咕噜的声音，哪怕是很轻微的痛感或声音，都让他变得异常敏感。

看过医生的第三天，Lucas的肠胃炎已经基本痊愈，疼痛感完全消失，只是整个人略显虚弱。Lucas那一周原本计划是要交设计图的，且只剩下了一个收尾的工作。他喜欢这份工作，也希望如约交稿，于是他在那一天就回到了书桌前。

没想到的是，Lucas根本进入不了工作状态，之前只需要半天就可以完成的事项，花了整整一天时间也没搞定。更要命的是，这

种状态一连持续了好几天，他的大脑始终处于游离状态，那个只差收尾的设计图，就一直在电脑屏幕上原封不动地搁置着。

的确，人类趋乐避苦的本能，绝不仅仅体现在心理层面，更为直接的其实是生理层面的。疼痛感不仅会让我们产生缓解它的行为动机，还会降低其他无法缓解它的行为动机，这种动机的增强和减弱都跟疼痛感的强度有关。就像Lucas所经历的那样，因为肠胃炎的原因，他暂时对一切活动都失去了热情，除非这些活动能让他痊愈，比如从床上爬起来去吃药，或者打车去医院挂水。否则的话，就算是最心仪的女生约他吃饭，他也会选择改期。

在身体不适的情境下，拖延的动机就是为了摆脱或减少生理疼痛。当我们的情绪出现波动时，特别是消极情绪袭来时，也会引发不悦感，激发拖延的动力。

周一的例会上，老板给Linda安排了一项工作，并且给出了具体的实施计划。Linda不太认可这个计划，无奈又不敢说出自己的真实想法，抵触的情绪瞬间就冒了出来。这跟Linda的成长经历有关，从小到大但凡有什么事情不符合她的心意，她就会立马变脸。

公司不是家，职场也容不下"公主病"。所以，就算Linda再怎么不满，除非她不干了，否则就不能在老板面前耍小性子，只得自己去慢慢消化负面情绪。散会后，Linda闷闷不乐，同事们都开始忙活，没有人注意到Linda的变化。由于情绪不佳，Linda根本提不起工作的兴致，望着办公桌上的盆栽神游了几分钟，又起身给自己泡了一杯茶。

好不容易定下神来，办公室里忽然嘈杂起来，原因是一位客户跑到公司来投诉。就这样，客户的不满声、同事的解释声、老板的询问声……吵得Linda心烦意乱。到了下班点，Linda还是什么都没做，抵触的情绪让她一直在拖延去执行那个自己不认可的计划。

希腊先哲爱比克泰德说过："骚扰我们的是我们对事物的意识，而不是事物本身。"很多时候，影响效率的不是事物本身，而是我们对要做之事所持的态度和看法。情绪性拖延，包含着一种和厌恶情绪相关的、对大工作量情境的逃避，对不喜欢之事的抵触。因为我们在事情中看到了复杂、厌恶或是威胁，故而选择逃避。但，如果我们能够调整自己的认知，主动去化解不良情绪引发的不悦感，从某种意义上来讲，就相当于遏制住了拖延的脖子。

所以，无论是生理上的不悦，还是情绪上的不悦，都必须要引起重视。一旦我们忽视了，就可能会不自觉地陷入到拖延中，而这种拖延实际上就是为了缓解不悦感。这也提示我们，在日常生活中，善待自己的身心是一件重要的事，你让它们不舒服了，它们立刻就会用直接或间接的方式给你制造更多的麻烦和痛苦。

情景5：拥有充实假期的愿望，无数次地败给了赖床

已经连续两三个月了，阿权几乎每天都要赖床到中午才起来，有时甚至会躺到下午一两点钟。其实，他并不是真的困倦，睡到八九点钟就已经休息够了，可他还是会赖在床上，刷刷手机，发会儿呆，再睡一个回笼觉。

阿权的身心没什么问题，也不属于懒惰之人。即便每天到下午才起床，他也会合理安排好剩余的时间，看书学习或处理工作事务。可是，阿权很不喜欢这种赖床的状态，他更希望拥有充实的周末和假期，毕竟大好时光被白白地浪费太可惜了。

你有没有过和阿权类似的体验？脑子里无数次幻想过，周末的时间要好好利用起来，给自己创造一个充实的假期，然而真到了假期来临之际，也像阿权一样败给了赖床？内心的积极愿望依然在闪烁，可身体却不听使唤，怎么都难以离开床榻。

为什么我们会被一种反面的力量不断推动和诱惑，无法抑制拖延的冲动呢？

从动机上来说，依旧是趋乐避苦的法则在作祟。毫无疑问，睡

眠是一件令人愉悦的事，且可以有效地缓解疲倦。这里说的疲倦，不一定是辛苦劳作一天后带来的结果，也可能是由于单调、无聊、令人不悦的活动造成的。

最简单的例子：你坐在教室里听课，老师讲的内容很枯燥，而你又不能离开，因为这些内容全是考试的重点。这个时候，趋乐避苦的本能就会促使你的注意力远离这些枯燥的东西，你可能会走神发呆，也可能会感到疲倦而昏昏欲睡。

忽然间，教授大声地强调了一句："这道题必须掌握，很明确地告诉大家，明天的试卷中一定会出现！"昏昏欲睡的你，可能会"激灵"一下，瞬间打起精神。这也是趋乐避苦的本能又在发挥效用，它促使你记住这个重点内容，因为可以帮助你提高分数（追求快乐），降低不及格的概率（减少痛苦）。

追求快乐和减少痛苦的需求，控制着人类认知和行为的各个方面，且多数情况下都是无意识的。起床这件事，也是由快乐和痛苦的动机决定的：躺在床上是舒适的，可以给我们提供快乐，当自身或外界的情况不发生任何变化时，这种舒适的状态就会无意识地延续下去。换句话说，躺在床上一直这么惬意，谁愿意起来呢？

庆幸的是，了解了拖延起床的动机，我们就从另一个角度获得了解决问题的答案：

其一，利用可以带来更多、更强烈快乐的活动促使自己起床，如晨跑、出游、约会、追更新的剧集等；其二，借助其他一切迫切动机促使自己起床，如尿急、饥饿、闹钟、要完成之事的焦虑、睡太久带来的不适等。

当然，就后一种情况来说，即便躺着不再舒适，很多人也还是会赖床，因为起床这个活动本身是令人痛苦的，特别是在寒冷的冬日，想到离开温暖的被窝要忍受"嗖一下"的冰冷，人们就会望而却步了。这个时候，就还需要一些触发机制，促使我们开始起床的行动。

如果现阶段的你正在为"起床"的问题困扰，我相信结合上述的分析，你应该已经在脑海里想到了一些适合自己的方法。在下一个章节里，我们会详细介绍如何利用趋乐避苦法则，提升行动的动力，抑制拖延的发生，也许你想到的方法就在其中。

第二辑

直视内心：当你拖延时，你在逃避什么

> 回避问题和逃避痛苦的趋向，是人类心理疾病的根源。
>
> 不及时处理，你就会为此付出沉重的代价，承受更大的痛苦。
>
> ——斯科特·派克《少有人走的路》

症结1：习惯性忧虑，凡事都往坏处想

艾米辞职后，开始投递简历，寻找新工作。

几天以后，一家新公司邀约艾米去面试。这家公司的规模比较大，工作节奏也比较快，艾米应聘的职位是媒体运营。虽然她之前也从事这方面的工作，可就工作内容来讲，还是有很大差别的，许多东西都需要艾米从零学起。

接到这家公司的面试通知后，艾米既兴奋又紧张。当对方提议让她第二天就去面试时，艾米撒了谎，说"明天有其他面试"，把时间拖后了一天。之所以这样做，是因为艾米的内心闪现了一丝犹豫：万一自己去了，对方提到新媒体运营方面的内容，自己接不上话怎么办？拖延一天面试的时间，就是为了缓解内心的焦虑和担忧。

第三天，艾米如约去参加初试。路上，她满脑子都是由两个字起头的问句："万一……该怎么办？"陷在这些可能性预想里，艾米焦虑得感到一阵阵燥热。好在，艾米也在职场混迹了五六年，不是初出茅庐的应届生，最终还是沉着地应对了初试，并顺利通过。

复试是有一定难度的，需要携带作品。面试官给出的时间是一

周，完成后即可预约面试的具体时间。得知复试规则和内容后，艾米的老毛病又发作了！还没有开始做方案，就忍不住担忧："万一我做出来的东西，人家认为太稚嫩了，怎么办？"焦虑的情绪缠绕着艾米，让她漫无头绪。为此，她花了两天的时间，才暂时让自己恢复平静。

接下来，艾米又花了三天时间来准备，最终完成作品已经是第七天下午了。结果，对方很遗憾地告诉艾米："你的作品还不错，我们挺重视员工的创意的，但也重视效能。准备复试作品的过程，也是我们对员工效能的一种考核，抱歉……"

原来，在准备复试作品的这一周里，前三天就有2位候选人递交了作品。虽然艾米的创意也不差，可在各方面条件相近的情况下，公司还是选择了效率更高的人。事后，艾米有点失落，倒不是因为自己被淘汰，而是因为自己总爱胡思乱想的毛病。

艾米不是技不如人，也不是懒散懈怠，她是输给了"习惯性忧虑"。

心理学家对忧虑的解释是：一连串充满负面感情色彩的、比较难以控制的想法与画面。人之所以会感到忧虑，是因为我们认为自己可能会遇到一些问题，但不确定自己是否有能力解决，当不可控时就会怀疑自己，产生焦虑。习惯性忧虑，就是一直处在忧虑的情绪中，不断地为各种事情担忧，不能自拔。

透过参加面试的过程，我们不难看出：艾米很容易把事情往坏的方面想，且过分关注自己的不足，总是怀疑自己的能力，不够自信。遇到一件事情，不是想着如何去解决，而是怀疑自己的能力无法解决。陷在这样的忧虑中，行动力自然就会降低，导致拖延。

要打败"习惯性忧虑"，最为关键的是学会转换思维模式：多关注事物的积极面，把注意力聚焦在美好的东西上，内心就会慢慢长出积极的种子，生根发芽，产生更多正向的体验和积极的能量。最终，在面对困难的时候，我们就会变得从容和笃定，而不是逃避和拖延。

症结2：苛求完美，总渴望万无一失

诱发拖延的一个重要心理症结，就是完美主义。笔者曾经就被这一症结困扰过，推迟了很多原本想做，且应该早点开始的行动。

我正式接心理咨询的个案，是在取得职业资格证书三年以后。我对心理咨询工作心存敬畏，对每一位鼓起勇气走进咨询室的来访者也充满了敬畏，毕竟人要直面自己的内心是一件很难又很苦的事。

到现在我依然觉得，心理学像是一门"越学越觉得自己无知"的学科，当然这仅仅是我的个人体验。正因为此，我才想做好充分的准备，用专业的技能、真诚的态度，协助每一位选择我、信任我的来访者，探寻他们未知的心灵世界。

当身边同辈的咨询师们逐一开始接个案时，我依旧站在这扇大门之外。尽管我已经具备了从业的资质，也准备了很长时间，可我还是在跟自己说："再等等吧，再多学习学习，准备得更充分一点再开始。"其间有不少读者找过我，想要做心理咨询。我给出的回应是，目前没有时间，也还没有准备好，但可以介绍更有经验的咨询师给他们。给出这样的回应后，读者们多半都不太愿意。这也是情理之中的事，内心的悲伤和痛苦，不是面对任何人都能够说出来的。在屏幕另一端，我能够感受到一些读者的失落。

转变的契机，发生在我参加中级咨询师系统培训课程之后。开课后不久，我遇见了两位之前共同起步的同学，他们也在心理领域继续深耕，从未停下精进的脚步。与我不同的是，他们已经做了几百个小时的个案咨询，真正踏上了从业之路。

午休时一起吃饭，在谈到某些问题时，我发现他们的见解比我要深入多了。我也没有避讳，说起了内心的犹豫和担忧。我清晰地记得，同学跟我说了一句话："不存在真正学'好'的那一天，教学相长就是了。"

回去之后，我一直琢磨这句话，内在的一些东西也开始渐渐清晰。原来，我一直拖延接个案是因为过分追求完美，希望可以协助来访者解决他们的问题，也害怕自己在咨询过程中存在处理不当的情况，所以总希望准备得足够充分，再开始去做这件事情。

事实上，再资深、再有经验的心理咨询师，也不一定能够帮助所有的来访者解决问题，也不能做到任何时候都不出现"失误"，因为每个人都有局限性。况且，真的做到完美，也未必是好事。当咨询师变成了无所不能的"神"，来访者会是什么感受呢？一段优质的咨访关系，应当是相互促进，真实与真诚都很重要。

如果你看过电影《心灵捕手》，应该还记得里面的这处情节：心理学家桑恩，在面对来访者威尔的时候，表现出了自己的丧妻之痛，甚至对威尔大发雷霆。这看起来并不像咨询师该有的行为，可恰恰是桑恩的这一表现，让威尔觉得他不是一个生命与心灵都完美"无瑕"的心理专家，而是一个有血有肉、会哭会痛的人。

解开这一心理症结后，我没有再逃避，也没有再拖延，而是开始正式接受来访者的预约。这件事并不容易做，但也没有想象中那么艰难。在最初的阶段，我也遇到过来访者的沉默与阻挡，但我并没有慌张。事后，我会反思自己在咨询中的处理方式，觉察到哪里有问题或不足时，会思考如何改进？如果真的有困惑，也会主动寻求督导。在这个过程中，我更为真切地领悟到了理论在实践中的呈现，如果不是亲自去做咨询，是不可能完全理解的。

生活中的某些拖延行为，其实并不是我们缺乏能力或努力不够，而是某种形式上的完美主义倾向或求全观念使得我们不肯行动，导致最后的拖延。总想着要把事情做到滴水不漏，完美至极，不停地苛求，结果就是迟迟无法开始。我们都要学会接受不完美的现实，接受不完美的自己，在做的过程中不断补充、修正、精进，才有可能让结果朝着完美的方向驶进。

症结3：心里不喜欢的事，没办法提起兴致

五一小长假来临前，洛洛接到编辑发来的稿件修改意见。

洛洛打开文档粗略地过了一遍，发现里面有几处需要补充内容，还有一个案例要修订。顿时，她的心里就涌出了烦躁之感。因为洛洛手上压着一些亟待处理的工作，以及尚未构思好的策划案。她原本计划这两天加个班把事情处理好，就能好好休假了。不承想，临时来了一个修改稿件的任务，打乱了她的计划。

不过，洛洛还是回应编辑说："好，我尽快处理。"然后，她就关闭了文档，心里有个声音告诉她："先放下，回头再说"。实际上，洛洛并没有考虑好何时动工处理这件事，甚至连一丁点儿处理它的想法都没有。不想做是真的，可洛洛心里也非常清楚，稿子是必须要修改的，这是她的工作和责任。

第二天早上，洗漱完毕吃过早饭后，洛洛顺势倒在了客厅的沙发上，开始拿起手机刷公众号里的文章。按照平时的习惯，她在这个时间段是不会看手机的，因为上午的状态比较好，充分利用起来能完成不少工作，小憩都放在中午。可是那天，她却周身犯懒，怎

么也不想动。

身体在休息,脑海里却有两个小人在吵架:一个小人说:"好累!好想休息",另一个小人说:"吃也吃了,喝也喝了,不去工作像什么样子!"这种无声的纠结和斗争,持续了一个小时,洛洛看着钟表的指针变化,内心涌起了慌张与焦虑。

那一刻,洛洛意识到了一个事实:她犯了拖延症!

半躺在沙发上的洛洛,扪心自问:为什么会这样?很快,她心里就涌现出了答案:近两年的工作中,自己很少遇到返修稿子的情况。喜欢一气呵成的洛洛,打心眼里不喜欢改稿,也就不想去做。可她也知道,这件事不得不做,所以就选择了拖延。

洛洛的这一心理症结,其实不难理解:当我们很想看一本书,或是急需从书中获得某些信息时,拿到书后肯定会迫不及待地去读;而不是搁置到书架上,跟自己说"有空再看";当我们特别想见一个人时,再忙再远也会去赴约,压抑在内心的想念和千言万语的衷肠,让我们迫切地想要述说……反之,面对不想看的书、不想见的人,势必会有一种抵触的心理,潜意识是不会撒谎的,它会迫使我们用拖延的方式传递真实的感受。

从心理学上讲,这种逃避现实的行为被称为"鸵鸟效应",就像鸵鸟那样,在遇到危险的时候,会把头埋进沙子里,以为自己看不见就是安全了。人,为了躲避不喜欢的工作,明明知道问题必须得解决,也常常采取刻意回避的态度,而拖延就是这一态度的外在表现。

然而，生活不可能处处都随人愿，更不可能只选择喜欢的事，排除所有不喜欢的、不想做的事，那是不切实际的幻想。生活很现实，也要求我们用理性的眼光和思维看待事物，不能只从"喜vs恶"的角度出发，还要考量"利vs弊"。对我们有益且必须做的事，就算不喜欢，也要尽量把它做好；对我们有害的事，哪怕再喜欢，也得学会克制。

症结4：把主观时间与客观时间混为一谈

按照画室本周的计划，潇潇每天至少要完成2幅画的教学素材。

周二上午，潇潇的第一幅画才进行到一半，就接到了朋友的邀约。明知道自己的任务没有完成，可潇潇还是去赴约了。她对自己说了一句："今天没完成的，下午再补上吧！"然后，她就心安理得地出门了，尽情享受上午的时光，把没有完成的工作和压力全都留给了下午。

欠自己的账，迟早都得还。结束了和朋友的约会后，下午如约而至。潇潇的压力比平时要大，因为她很清楚，任务量增加了。这个时候，潇潇才忽然感觉到，时间并没有自己想象得那么充裕，一天24小时是固定的，而自己可以集中作画的时间，也不过是4~5小时。就算可以延长绘画时间，可代价是很大的，会焦虑烦躁，会精力不集中。

如果可以顺利延长工作时间，那还算是好的。更糟糕的情况在于，我们不知道一天中会有什么样的意外状况降临？就在潇潇刚刚有点工作状态时，妈妈打电话说自己身体不适，想让她陪同到医院看一下急诊。看病的事不能拖，于是潇潇又丢下画笔，开车带妈妈去了医院。她心急如焚，一方面担心妈妈的身体，另一方面为积压的工作恐慌，别提多沮丧了。此时，潇潇才发觉，自己失去的根本不只是上午的赴约时间，积压的也不仅仅是那一幅未完成的画。

像潇潇这样的拖延情况在生活中很常见，最主要的原因是他们忽略了一个事实：时间有"客观时间"和"主观时间"之分，将两者混为一谈，势必会被拖延伤害。

所谓客观时间，就是能用日历和钟表来衡量的，可预知且不可更改的时间。这很好理解，你知道什么时间上课、上班，电影什么时间开场，一目了然。

所谓主观时间，是我们对钟表之外的时间的经验，是不可量化的。跟朋友聚会聊天时，我们觉得时间过得飞快；等公交车时，时间显示只过了10分钟，却显得无比漫长。所以说，主观时间的变体就是"事件时间"，即围绕一件事的发生、发展而定位我们的时间感。

如果我们可以做到，把个人的主观时间和不可更改的客观时间整合到一起，让两者实现无缝衔接，即沉浸于某个事件的同时，也知道自己什么时候该离开，哪怕距离最后期限还远，也能按部就班地做事，就不会导致拖延。

问题在于我们的主观时间和客观时间经常会发生冲突，致使我们不愿也不能认识到，两者存在很大的差异。就潇潇的情况来说，把上午的任务拖到下午时,她一直想象着下午有充裕的时间去完成它,却忽略了不可更改的客观时间。

拖延很可怕,它赋予了我们一种全知全能的幻觉,让我们误以为自己可以掌控时间、掌控他人、掌控现实。事实上,我们根本无法超越时间的规则,也无法避免丧失和限制,更无法抵挡变化和意外。真实的结果是,无论我们有没有意识到,时间一直都在流逝,从未停止。

✈ 症结5：逃避责难，不用为失败负责

人有一种奇怪的心理，宁肯被认为不够努力，也不愿被认为没有能力。

两年前，工作室里来了一个挺有才情的姑娘，做事也中规中矩，就是每次临近交稿时，她都会出现感冒发烧的状况，要请两天假。看她不适的样子，我也于心不忍，只好批准。这样一来，那个姑娘的交稿日期就要延迟四五天。

她在工作室做了一年多，基本上每接手一个稿子，到了结尾的时候，都会出现这样的情况。后来，她要换工作，临别之际，我请她吃饭。席间，她也跟我说了一些掏心的话："我做这个工作，压力还是挺大的，经常担心自己完不成稿子，也怕自己写完的稿子漏洞百出，被你给退回来。越到该交稿的时候，我越是紧张，结果就把自己折腾病了。我觉得，这都成了一种习惯性的模式了。说实话，我心里也觉得，如果我生病了，状态不好，就算晚交几天稿子，或是出了点纰漏，可能更容易被原谅，能少挨点批评。"

跟我说这番话时，那个姑娘已经23岁了，显然不能说她是一个

孩子了。可我们也看到了，在处理工作中的问题时，她的思维模式和行为方式依旧像个孩子，把问题和责任归咎于外部的因素——我身体不舒服，所以才没做好，这事不怪我。

当然，就拖延的问题来说，这并不奇怪，因为多数拖延者都存在类似的心理症结。1983年，美国加利福尼亚州的两位临床心理学家简·博克和莱诺拉·袁博士研究得出：害怕失败是拖延的原因之一。时隔二十几年之后，也就是2007年，结合过去多年来对拖延症的研究，卡尔加里大学的皮尔斯·斯蒂尔博士又发现：害怕失败跟拖延有一定的关联，害怕失败会让一些人拖延，不想行动；同时，也会让一些人积极采取行动，不拖延。

至于恐惧在拖延症中所起到的作用，2009年卡尔顿大学的提摩西·A.派切尔教授带领两位研究生通过研究证明：导致拖延症的恐惧是多方面的，有人是因为缺乏信心而拖延；有人是害怕表现不好丢脸、伤自尊而拖延；还有人则是害怕自己失败了，会让自己最在意的人失望，所以才会拖延。

我们知道，任何事情都会有一个结果，这个结果好与坏，是外界因素和内部因素共同作用的结果。过分担心结果不够好，过分害怕失败，就会降低内部的主观能动性，从而夸大或刻意制造外部的阻碍，事先给失败一个合理化的说法。

这样有实际效用吗？细想想，不过是"自欺欺人"。就算骗过了全世界，我们也无法逃脱失败的真实结果。所以，在某件事情上总是拖延，且总想给自己找借口时，不妨问问自己：我到底在害怕什么？是事情本身，是不好的结果，还是别人的看法？如果抛却他人的看法，你能否静下心来去做这件事，去承担属于自己的那部分责任？这是我们真正要做的功课。

症结6：不相信自己可以做到，索性就不去做

多年前，在PMA成功之道训练班上，励志大师拿破仑·希尔向学员们提出了一个不太好回答的问题："在座的各位，有多少人觉得我们可以在30年内废除所有的监狱？"

学员们很惊诧，一度怀疑自己听错了。一阵沉默过后，拿破仑·希尔又重复了刚刚的问题："有多少人觉得，我们可以在30年内废除所有的监狱？"

当大家了解到这不是一个玩笑后，立刻有人站出来反驳——

"要把那些杀人犯、抢劫犯、强奸犯全部释放吗？"

"那样的话，我们就别想得到安宁了。"

"不管怎样，一定要有监狱。"

"对，社会秩序会遭到破坏。"

"如果可能，还需要更多的监狱。"

……

见学员们情绪激动，大呼不可能，拿破仑·希尔表现得很平静，他换了一种方式表达："现在，我们来试着相信可以废除监狱

这一事实，如果真的可以如此，我们该如何着手？"

学员们有点儿勉强地把它当成实验，沉静了一会儿，有人犹豫地说："成立更多的青年活动中心，减少犯罪事件的发生。"很快，刚刚持反对意见的人，也开始参与到讨论中——

"大部分的罪犯都是低收入者，要消除贫穷。"

"要能辨认、疏导有犯罪倾向的人。"

"可以尝试用手术的方法来治疗某些罪犯……"

……

结果，得出了18种构想。此时，拿破仑·希尔告诉大家："进行这个实验的目的，是想让大家知道，当你确信一件事不可能做到时，你的大脑就会为你提出种种做不到的理由。可当你真正地相信某件事能够做到时，你的大脑就会帮你找出各种做得到的方法。"

很多时候，事情并非难以做到，而是我们以为自己做不到。这种自我设限，让我们丧失了行动的勇气，默认了拖延。久而久之，"做不到"就被刻进了人生的字典。自我设限好比把人生圈定在一个范围内，原本能发挥出的潜能也被禁锢。

曾经有人做过一个自我设限行为在拖延者身上的表现的实验：

研究对象是一群即将读大学的女生。最初，所有的女生都去做那些看起来很难但又有解决可能的测试题。之后，研究者对其中一半的女生说："与其他测试者相比，你们表现得很出色。"对另一半女生，则没有做出任何评价。

直视内心：当你拖延时，你在逃避什么

到了执行第二轮任务时，研究者首先让所有女生自行选择环境：嘈杂的分散注意力的环境，或者是安静无干扰的环境。接下来，又让她们选择不同的任务：发散性题目，或是无须动脑就能完成的题目。最后，她们还要做一个选择：对于自己的表现结果严格保密，只有自己知道，或者是把他人对自己的批评公布出来。

结果，有拖延倾向的女生，更喜欢选择有干扰的环境。事实上，试验到她们做出这一选择时，就已经结束了。所有参加试验的女生都相信，她们选择了这一环境时肯定会听到噪声。所以，当她们不能确定自己在第二轮任务中的表现时，她们选择提前设置障碍，选择自我设限。如此，她们就可以为自己接下来糟糕的表现找到一个合情合理的借口。

推迟着不去做一件事，或是拖着不肯完成一项任务，试图给自己找一个合理的借口。万一结果真的不理想，至少可以用这个借口逃避谴责……看起来，这真的是一种绝佳的自我保护方式，但它的代价也是巨大的，那就是从此走上一条拖延和平庸的路。

症结7：对远离心理舒适区产生了阻抗

畅销书《谁动了我的奶酪》中有一段话意味深长："我们每个人的内心都有自己想要的'奶酪'，我们追寻它，想要得到它，因为我们相信，它会带给我们幸福和快乐。而一旦我们得到了自己梦寐以求的奶酪，又常常会对它产生依赖心理，甚至成为它的附庸；这时如果我们忽然失去了它，或者它被人拿走了，我们将会因此而受到极大的伤害。"

从心理学角度诠释，文中的"奶酪"可以理解为"舒适区"。所谓舒适区，是指活动与行为符合人们的常规模式，能最大限度减少压力和风险的行为空间。从人的自身感受来说，处于"舒适区"能够让我们处于心理安全的状态，能够降低内心焦虑，释放工作压力，且更容易获得寻常的幸福感。

在这个舒适区里，我们不会有强烈的改变欲望，更不会主动付出太多的努力，一切行为都只是为了保持舒适的感觉。久而久之，意志就会退化枯萎，变得懒散懈怠。当外界条件发生变化，要求我们必须离开"舒适区"，到"焦虑区"去接受新挑战、处理新事物时，拖延往往就会涌现。

有些研究生经常会推迟论文答辩的时间，因为他们不想放弃对大学的依赖，不想离开自己的导师。在他们看来，研究生院是能够获得指导的最后一站，他们很需要这种指导，否则不知道该如何在一个成人的世界里立足。

有些职场人在换工作时也会犹豫，尽管知道自己在目前的企业没有太大的发展空间，却因为贪恋熟悉的环境和人群，迟迟不肯作出决策。这让他们错过了不少实现自我的机会，但一想到要去面对全新的一切，内心就感到无比不适。

上述两种拖延的情况，只是表现形式不同，但其本质是一样的，即保持原有的生活方式，停留在熟悉的心理舒适区内，哪怕知道它已经不再适用，甚至给自己造成了麻烦，也抗拒做出改变。因为这样多少能让自己感到安全和舒适，哪怕一切只是幻象。

然而，超越自我离不开改变，而改变的本质就是走出舒适区，走出舒适区最好的途径就是接纳不舒服的感觉。这个时候，如果我们能够掌握一些有效的方法，给自己制造一个强烈的动力；或是思考自己最害怕面对的东西，找到自己的软肋，有针对性地提升实力；或者借助一个触发机制，都可以快速打破"僵局"，让自己的人生更进一步。

第三辑

战胜拖延的实质：动力 > 阻力

我看到正确的道路，也知道该走这条路，但我却走错路。

直到内心感觉涌现，推了我一把，才让我走上正途。

——乔纳森·海特《象与骑象人》

拖延 = 阻力 > 动力，行动 = 动力 > 阻力

当我们要去做一件事情时，往往会出现两股力量，一种是动力，一种是阻力。两种力量在角逐之后，谁占据上风，谁就会决定我们的最终选择：当阻力>动力时，我们会拖延；当动力>阻力时，我们会行动。

所谓阻力，就是做一件事需要付出的资源或克服的成本，比如时间、精力、思考、失败机会成本、失败的结果等；所谓动力，就是促使我们克服阻力、投入行动的驱动力。从这个角度来讲，要战胜拖延症，无外乎从两方面入手：减少阻力，提升动力，或是双管齐下。

这也是为什么我们说，福格行为模型可以有效地解决拖延问题。

有了动机，就相当于提升了动力，促使人产生积极行动的意愿；有了方法和能力，就降低了做事的阻力，让一件事情变得不那么困难，不那么令人生畏；有了触发机制，可以减少纠结犹豫的时间，避免让阻力和动力长时间地拉扯，从而快速地投入到行动中。

接下来，我们就详细介绍一下，抗击阻力和激活动力的具体方法。

减少阻力武器1：回想折磨人的愧疚感

在养成运动习惯的过程中，Lisa跟拖延斗争了n多次。

庆幸的是，历经一年多的时间，Lisa成了这场战役的胜出者。

现在的Lisa，几乎每天都会运动，不需要刻意调动太多的意志力。反倒是，如果某一天不运动，又放肆地吃喝了一通，才会觉得不舒服。特别是晚上躺在床上的那一刻，胃里胀满了食物，翻来覆去地睡不着，内心会涌现后悔和愧疚：真不该让身体"负重"，吃太多本就不好，再不运动更是雪上加霜。

这种自责的体验是痛苦的，可正因为此，它也给Lisa带来了警示的作用。

每当Lisa面对自己喜欢或诱人的食物时，趋乐的本能会让她产生放纵一下的冲动，随即Lisa就会立刻想到吃撑了的自己躺在床上睡不着觉的难受情景，以及内心涌出来的强烈自责与愧疚……然后，那个想大吃一顿的冲动，瞬间就被压下去了一半。毕竟，对Lisa来说，她是真的不想重复体验那折磨人的愧疚感。

尼尔·菲奥里在《战胜拖拉》中提到过："我们真正的痛苦，

来自因耽误而产生的持续的焦虑，来自因最后时刻所完成项目质量之低劣而产生的负罪感，还来自失去人生中许多机会而产生的深深的悔恨。"

结合生活中的很多情景，我们会发现事实的确如此：当我们做了自己不认可的事情，当我们违背了自己的良心和信念，或者是在从事一项让自己后悔的活动过程中，都会让我们产生负罪感或愧疚感。这种负向的体验，可能会促使我们放弃当前的活动，从而开始另一项有益的活动，比如：想到打半天游戏之后的空虚及无尽的懊悔，可能会放下手机游戏，选择去读一本对工作有益的书；想到暴食过后的羞耻与惭愧，可能会有意识地控制摄入量，让自己认真品尝食物的味道，用享受来代替放纵。

有个事实我们必须承认，不是想到折磨人的愧疚感，或是在做某件事的过程中产生了愧疚感，就一定能够阻止我们的不良行为。毕竟，很多拖延症患者明明对自己的行为已经有了愧疚感，却还是无法启动有益的行为，这在生活中也是经常会遇到的。对于这样的情况，我们后面会讲到如何利用触发机制迅速投入到行动中。

无论如何，愧疚感还是一个很有效的阻力来源，它会促使我们去选择积极的活动，规避无益的活动。对抗拖延，就是苦与乐之间的一场较量，动机需要慢慢积累。愧疚感算是一个有价值的武器，如果同时还有其他的动力来源，那更能促使我们去执行积极的活动。

减少阻力武器2：不做无谓的利弊权衡

在处理一个问题的时候，如果我们只是想用理智来解决，而不借助任何既定的信念或是消极的联想，那么我们经常会很不理智地推断出一个能让我们感到快乐，或是可以消除痛苦的结论。这个过程就是"将事情合理化"的过程，往往是通过权衡一个行动相对于另一个行动的利弊，最后在权衡的基础上得出结论。

这样的结论靠谱吗？绝大多数时候，我们的思考会不自觉地遵从趋乐避苦的本能，让我们相信那些令人愉悦的活动同样也是有益的，令人不悦的活动则是无益的。但，客观的情况并非如此，这不过是我们的思维在欺骗自己。

Simon的上一个项目方案得到了老板与客户的一致好评。这次，老板把公司数额最大的项目交给了他，算是委以重任。Simon自然想把这个新项目做好，可他甩不掉拖拉的毛病，特别是在启动阶段，很难快速地进入状态。

从接到新项目开始，Simon已经"悠闲"地过了一个星期，真的是什么都没有做。他心里很清楚，缓冲一两天调整状态，是再正常不过的事。而今，已经快十天了，他还是迷迷瞪瞪、懒懒散散，打不起精神，这完全就是拖延了。

承认自己拖延，直面病态的悠闲，这太残忍，也太痛苦了。所以，Simon的内心开始了苦与乐的较量，并上演了一场自圆其说的戏码。

Simon先是安慰自己说："做创意方案这种事急不来的，真正跃然纸上的时间很少，最耗费时间的就是前期的苦思冥想。现在，我只是看起来很悠闲，其实我是在寻找灵感，而灵感往往是在不经意间闪现的。"接着，他又搬来各种名人故事，进一步将自己的病态悠闲合理化："牛顿在果园里发呆，无意间看到苹果落地，才发现了万有引力；伽利略在教堂里坐着，无意间看到吊灯像钟摆一样地晃动，用自己脉搏跳动的次数计算出了吊灯摆动的时间，制作出了'脉搏计'；瓦特无意间看到开水顶开了壶盖，想到了蒸汽的力量，发明了蒸汽机……"想到这些时，Simon心满意足，他觉得自己的悠闲是正确的，也是必要的。

在权衡利弊的过程中，面对一项令人快乐的活动（不工作的悠闲状态），Simon借助各种理由自圆其说，哪怕这在客观上是站不住脚的，甚至是没有意义的。

那么，正确的做法是什么呢？当我们被一个自知不正确且会为之后悔的活动吸引时，千万不要试图去重新评估它是否真的不正确，减少这种无谓的利弊权衡。因为我们往往会颠覆之前的判断，最终选择做这件事。面对类似的情况，最好的处理方式就是：提前下结论，且坚定不移。要知道，这个结论可比一时冲动作出的任何推理都更有效用。

减少阻力武器3：刻意改变外部的环境

要改变行为，可以通过刻意控制想法来实现，但阻碍和难度是很大的，因为有时我们的意愿是积极的，而享受即时快感的本能却促使我们没办法停止眼下无益的活动。相比这种方式而言，更有力和有效的措施是改变外部的环境。

通过操控外部的环境，我们可能会改变一项活动的动机，无论我们是想做一件有益的事，还是想停止一件无益的事。如果想投入到某种活动中，可以让这项活动变得简单易开始，让活动过程变得更有趣，或是让活动结果变得更有益；如果不想投入到一项活动中，可以让这项活动的启动机制变得复杂一点，或是让活动过程变得没那么有趣，或是让这项活动的结果变得不那么吸引人。

我们结合现实中的一些情境，详细诠释一下上述方法的运用：

· 情境1：Helen迷上了一款手机游戏，经常拖延入睡时间，怎么办？

· 解决方案：增加开始玩游戏这项活动的阻力（为启动机制设置障碍）。

近期玩过这款游戏后，将APP卸载；睡觉之前把手机锁在抽屉里，或放到客厅。当手机不再触手可及，或打开手机后无法立刻进入游戏时，开始玩游戏这项活动的阻力就增加了——Helen必须离开床榻去找手机，还必须要重新下载，想到这一系列的操作，可能会因为懒得动、懒得等而选择放弃。如果此时她再想起自己渴望早睡、保证精力充沛的积极意愿，又会进一步减弱玩游戏的冲动。

在上述的情境中，"时间"发挥了重要的抑制作用。当我们通过操控环境，让一项活动的开始需要耗费更多的时间和力气时，我们就会去考虑是不是真的要做这件事？如果做了的话，结果会怎样？这样一来，就增加了放弃这项活动的概率。如果一件事随手就可以做，比如打开电脑或手机，往往就没有时间去思考结果，而是直接行动了。

· 情境2：Steven很少能拿出整块的时间去运动，他更希望能在工作间隙做一些运动，这个想法已经在他脑子里盘旋一个星期了，却始终没能执行，怎么办？

· 解决方案：让碎片运动这项活动简单易执行（为启动机制减少障碍）。

设置工作满一小时提醒起身活动的闹铃，将哑铃或拉伸绳放在办公桌旁边，闹铃也放在那个位置。当闹铃响起，就要起身到训练器械所在之处关闭，此时就可以顺手拿起器械来完成一两组运动。这样的话，就把开始完成碎片运动这项活动的时间和精力缩减到了最小，有效地减少了行动阻力。

·情境3：Lily想养成少吃零食的习惯，可又总是难以拒绝零食的诱惑，特别是在家休息时，总是忍不住想吃点东西。可要完全戒除零食又不太现实，有没有兼顾之法？

·解决方案：让吃零食这件事变得不那么愉悦（改变活动本身的体验）。

强制性戒掉零食是不太可行的，很容易失败，甚至产生报复性进食，因为意志力没有我们想象中那么强大。相对缓和的办法是改变环境，给自己准备一些热量低、较为健康的零食放在家里，想吃的时候可以吃一些，但因为这些食物的味道比较寡淡，吃零食这项活动本身就会变得不那么愉悦，继而也就很难吃多。

·情境4：John原计划月减重4公斤，可经常因为动力不足而无法达标，怎么办？

·解决方案：跟志同道合的"肥友"来一场"赌注"（借助结果增加动力）。

跟志同道合的肥友来一场赌注，各自设置一个减重目标（如原体重的5%~8%），未完成任务要给对方购买100元的健康食品。有了这种奖罚机制的刺激，可以增强动机，减少完成任务的阻力。

很多时候，我们想要通过自我意志来压抑潜意识冲动，并不能收获很好的效果，甚至还会产生更大的焦虑。如果我们调整一下思路，在环境上做出一些刻意的改变，哪怕只是微调，都可能让许多不健康的冲动得到消除。记住这一要点，对应付拖延有极大帮助。

减少阻力武器4：分配或引导注意力

每个人在生活中几乎都有一两件不喜欢做的事，就我本人而言，清洁厨房和整理衣橱是最令我发怵的家务劳动，真的是一想起来就"头大"。

厨房里的油污比较严重，需要戴上口罩、手套、帽子，还要准备重油污清洁剂、清洁球、百洁布等工具，经过至少三四遍的擦洗，才能完工。至于整理衣橱，将洗好的衣服叠放整齐并归类，是一件需要耐心的事。如果赶上换季，工作量要翻几倍，先要对不再穿的衣服进行筛选，对不需要、不喜欢、不合适的衣服进行打包，剩余的再进行归纳。完成这项工作后，再对即将派上用场的当季衣物，进行相同的处理，并对部分衣物进行清洗、晾晒和熨烫。

拖延经常会发生在这种"不想做却又不得不做"的事情上。面对比较辛苦的家务事宜，有没有什么办法可以减少行动阻力呢？我个人的体验是分配注意力，把一小部分注意力用来满足快乐的需求，剩余的注意力用来处理不喜欢的家务劳动，由此来中和它们带给自己的不悦情绪。

每次清洁厨房或整理衣橱之前,我会先打开手机的音乐APP或是听书APP,选择自己喜欢的曲目或书籍,然后再开始做家务。这样一来,劳动也能变得"有趣"一点,手里擦着燃气灶台或叠着衣服,耳畔回荡着喜欢的声音,时间好像过得快了一点,内心的烦躁和厌恶感也减少了。

对于这种不需要耗费过多注意力的活动来说,分配注意力的方法可以让本身枯燥乏味的活动过程变得容易接受,比如:一边做家务一边听音乐,一边修理花草一边听书,一边做哑铃运动一边看综艺节目,一边查阅资料一边喝咖啡、喝果汁,都是可行的。

对于需要全身心投入的活动,就不太适合用上述的方法了。比如:读书、写作或计算等,是需要专注去做的,倘若一边听音乐一边写作,一边玩游戏一边听书,音乐或游戏往往会逐渐占据更多的注意力,以至于打断写作的思路,或是漏听了某些故事情节。所以,在进行这些活动时,保持专注是很重要的。

然而,当我们专注地做某件事时,不意味着不会产生抵触或烦躁的情绪,当这种情绪冒出来时,行动的欲望或效率就可能会降低。比如我在写稿的时候,多数时间都会比较专注,但偶尔遇到困难时,就会分神或想要放弃,这要怎么处理呢?

此时,学会引导注意力至关重要!我不会让注意力一直集中在"这处内容好难写"的痛苦感觉上,因为这样会更难熬。我会把注意力稍微转移一下,试着翻看前面完成的内容,着重关注那些"当时写起来很困难，最终却还是完成了"的内容，让成就感去缓冲当下的困难带来的不适感，让自己有信心继续写下去。

如果沉浸在一件不太有益的活动（如玩游戏）中，已经意识到这样做并不好，却始终拖延着不肯停下来时，也可以用转移注意力的方法来应对。比如：把注意力转移到颈部或腰部的酸痛感上，这样的话，就能够让玩游戏的愉悦感被削弱，而让身体的不适感增强。

由此可见，千万不要忽视注意力的效用，学会恰当地分配或引导，它可以成为对抗拖延的帮手，让原本令人不悦的活动变得有趣一点，给容易令人沉溺的劣质快感增加一点不适感，促使我们有力量开始积极的活动，或有力量停止无益的活动。

减少阻力武器5：调整内心的期望值

1964年，北美著名心理学家维克托·弗鲁姆提出了"期望效应"，意指人们之所以能够从事某项工作，并愿意高效率地去完成这项工作，是因为这些工作和组织目标会帮助我们达到自己的目标，满足自己某方面的需求。

有人渴望在单位里升职加薪，所以毫无怨言地努力工作；有人希望保持曼妙的身材，所以坚持不懈地运动；有人想拿到全勤奖金，所以连续一个月都没有迟到……这些人为什么不犯懒、不拖延呢？原因就是，他们心存一份期待，这份期待消除了他们在工作和生活中的消极情绪与各种心理不适，并激发其内在对所做之事的热爱，从而自主自愿地做好该做的事。

人在不同的情况下，欲望和需求不一样。正因为此，人们才会努力去满足自己的需求，并为了满足需求而做出特定的行为。有期望就会有动力，有动力就不会轻易犯懒。所以，我们不妨利用"期望效应"来激励自己远离拖延和浑浑噩噩的状态。

那么，一个人是不是对自己的期望越大，动力就越大呢？并非如此。

弗鲁姆指出：某一活动对某人的激励力量，取决于他所能得到结果的全部预期价值乘以他认为达成结果的期望概率，即：M（激励力量）＝V（目标效价）×E（期望值）。

这就是说，当一个人有需要并且能够通过努力满足这种需要时，他的行为积极性才会被激活。如果期望过高，就很难达到所期望的结果，那么期望带来的激励效果也会大打折扣。只有期望值适度，才能有效地调动积极性，激发出内在的潜能。

女孩卡伦本科毕业后，进入一家互联网公司上班。那家公司的福利待遇不错，她在那里做了五年，之后就放弃了高薪的职位，尝试自主创业。然而，她创业失败了。

这件事发生后，卡伦特别消极颓废，每天沉浸在自责与痛苦中，无法原谅自己。这次创业，把她之前积攒的存款全都赔了进去，可是生活还要继续，虽然很难过，也得想办法谋生。然而，卡伦心高气傲，把自己看得特别重要，一般的职位看不上，好的职位又怕自己做不来（失败的阴影困扰着她）。

卡伦陷在了纠结中，自创业失败后整整一年，她都拖延着没有上班，一直处于消沉中。后来，在朋友的支持与咨询师的帮助下，卡伦意识到了自己眼高手低的问题，也接纳了现实。之后，她降低了自己的期望值，找了一份自己擅长的工作安定下来，并告诉自己慢慢来。果不其然，当心态和观念转变之后，卡伦做事比过去更踏实，能力也明显提升了。

对某件事心存太高的期待，无形中就增加了实践它的难度。人都有趋乐避苦的本能，望着一个需要付诸巨大努力才有可能实现的目标，拖延畏惧是很正常的。当然，这不是让我们满足于眼前，或是不思进取。正所谓万丈高楼平地起，再高远的目标也得从最基本的行动开始。降低期望值的目的，是要减少行动阻力，让自己为了某件事行动起来。

谨记：没有行动，再高远的期望，都是水中花、镜中月。

激活动力工具1：深层的价值取向

罗切斯特大学人类动机研究组发现，相比只有单纯的外部激励而言，人一旦拥有了自发产生的内部动机，在做事的时候就会变得更热情、更自信，更有恒心与创造力。

当我们直观地感受到某一项活动对我们而言是有意义的、有价值的，且我们相信自己可以采取这项活动的时候，我们就会产生动机。请注意，这种价值和意义不是表浅的，而是深层次的，有时是一种责任感或使命感。

Amanda小姐有十年的吸烟史，她想要戒烟，也尝试过几次，却总是遭遇失败。每次烟瘾上来时，趋乐避苦的本能促使着她点燃了烟，把之前的信誓旦旦全都抛在了脑后。然而，在不久之前，Amanda和先生开始商议生育一个孩子，因为他们夫妻两人都已经临近35岁，丈夫担心Amanda会因年龄和身体状况影响怀孕。

做了这个决定后，Amanda和丈夫一起到医院做了孕前检查。医生告诉Amanda，想要孕育孩子，戒烟是必须的，否则会影响孩子的健康。于是，Amanda再次踏上了戒烟之旅。尽管烟瘾还是像过去那样令人难受，可Amanda并没有对即时快感投降，而是想办法转移自己的注意力，不去吸烟。每当觉得难忍时，一想到自己要做妈妈，一想到天使般的婴儿笑脸，她就觉得这一点烟瘾是可以忍受的，也是她心甘情愿去忍受的。

最后，Amanda成功地戒了烟，踏上了充满期待的备孕之旅。

人只有真正深刻地关心自己所做的事，找到真正的使命感与目标，才可能做到全情投入。相比外部的金钱、社会地位、认同感等外在动机而言，这是一种内在的动力，它来自对事物本身感兴趣，且能够带来内心的满足感，并且心甘情愿地为之付诸努力。恰如尼采所说："知晓生命的意义，方能忍耐一切。"Amanda戒烟成功，因为她所做的一切并不只是为了自己，还有另外一个与之息息相关的生命。

就工作这件事来说，它也存在深层价值取向的问题。如果你内心认为，努力工作、做出成绩，就是为了获得老板的认可、升职加薪，那么一旦有了意外情况——薪水降了，工作不被老板认可，很有可能你会丧失努力工作的意愿，被沮丧的情绪缠绕，工作表现大打折扣，让情况越来越糟，陷入恶性循环。

导致这一问题的症结的根本原因，就是将自身的价值完全交给了外人来评判。如果努力工作的目标只为了取悦老板，赢得赏识，失望是不可避免的。如果把注意力放在自我成长与精进技能上，就算环境不够理想，中途遇到了挫折与否定，也依然能够做到正视问题、解决问题，将一切视为考验和经历。

　　唯有建立深层次的价值取向，让使命感从负面变成正面、从外部转向内部、从利己拓展到利他时，我们才会获得更强大、更持久的动力，并获得更深一层的满足感。有了这样的价值取向，拖延自然也就无处遁形了。

激活动力工具2：想象自己行动的样子

你是否经常会在脑海中想象一些情景？想到美妙的画面，嘴角泛起微笑；想到恐怖的画面，吓得不寒而栗。不夸张地说，想象有着十分特殊的心理学意义。在处理拖延的问题时，如果我们懂得巧妙利用，可以有效地激活行动力，让某一项活动的开始变得不那么艰难。

记得我们前面提到过，即便我们有充足的动机开始某项活动，或是已经到了开始行动的关键时刻，也可能会因为准备阶段需要完成一些简单的体力动作而产生阻抗。如果我们通过想象来获得开始准备工作所需要的能量，就可以减少不悦的体验。

有时候，我想从床上起来，穿上运动服，走出家门去晨跑。那么，我就会在脑海里简单地想象一下自己需要完成的这些动作，比如从平躺的姿势变成坐姿，再站起身来，穿上舒适的运动装，打开门走出去。通常，这个想象的过程只需要几秒钟，然后我会惊讶地发现，自己居然可以自动地开始行动，好像并没有费太多力气就完成了这些动作。

为什么想象可以发挥出这样的效用呢？这可以从两方面来解释：

第一，当我们想象自己完成了一系列的身体动作后，如果身体不去真正执行这些动作，就会有一种不适的紧张感涌现。依照趋乐避苦的原则，我们会尽可能地完成这些动作，以缓解紧张不悦的感觉。

第二，在执行前想象这些动作，是连接身体和意识的标准做法。比如，你要开车去附近的商场，然后不假思索地沿着一条路开，其实在开始这段路程之前，你已经想象了前往商场的路径，这个过程发生的时间只有几秒钟。再如，你不假思索地完成了从冰箱里拿出一袋酸奶的动作，直到你喝的那一刻，你才意识到自己已经完成了这些动作。实际上，你在做这件事之前，也已经想象了需要完成的路径和动作。

也许你还会心存一丝疑惑，没有关系，你可以找机会亲自体验一下，看看想象的力量是否真的超出你从前的认知。作为亲测者的笔者本人，感觉还是挺有帮助的。

激活动力工具3：利用社会性动机

上大学之前，Vincent是一个很勤奋的男生，每天准时六点钟起床，计划一天的学习任务。然而，经历了一年的大学生活后，Vincent却和过去判若两人。他变得懒懒散散、无精打采，经常是踩着点上课，没课的时候就干脆睡到中午再起来。

是什么样的经历让Vincent变成了这样？其实，一切都很顺畅，Vincent也没有遇到重大的挫败。唯一的原因就是，Vincent的两个室友特别喜欢睡懒觉，哪怕早上有课，也满不在乎，闹钟响了又关，关了又响。起初，Vincent还能够做到不受干扰，按时按点地起床、吃饭、上课。久而久之，看室友们不去上课，也能混过一个学期，考试也可以通过，Vincent也就松懈了。有时，即便已经不困了，他也会赖在床上玩游戏，和朋友聊天，一直等到室友们都起床才动身。

罗宾斯说过："我们会花更多的时间去关注那些偷懒的同事，而不是专心于自己的工作。"与怠慢懒惰的人待在一起，身处消极的环境中，往往会让我们在不经意间受到负面影响。所以，想要对抗拖延，就要和懒散的人保持一点距离。

既然周围人会对我们的行为产生影响，那么在避免"近墨"的同时，我们也可以主动地选择"近朱"，多跟积极上进的人相处，利用社会性动机，潜移默化地提升自己的行动力。

阿希的工作室去年多了一位合伙人，那位合伙人雷厉风行，执行力特别强。有时候，他跟阿希提出一些想法，阿希本以为只是设想，脑子里还在犹豫，而合伙人已经把这个设想当成目标，着手去联系资源了。

最初的半年里，阿希感觉跟不上合伙人的脚步，对很多事都不自觉地想要逃避和拖延。毕竟每一次新的尝试都是一个挑战，这让她感到很不舒服。可是，跟这样的队友在一起，阿希没有太多的时间去纠结，往往是被对方拉着向前冲。渐渐地，阿希适应了这种节奏，并愈发喜欢充满行动力的自己。相比过去的患得患失、瞻前顾后，现在的她少了很多无谓的烦恼，遇事主动想办法，而不是瞎琢磨、乱担忧。

没有谁是一座孤岛，我们的生活都处于社交网络中，也不可能摆脱所有的社会影响。若真如此，我们会丧失动力完成之前认为重要的事情。试想一下：如果不用焦虑老板是不是等着要工作结果，不用担心期末能不能通过考核，不用纠结该不该承担作为丈夫、妻子、儿女的家庭责任，我们就会完全被寻求快乐的需求支配，这时还有什么动力去履行不同身份角色的职责呢？只沉溺于最低级的快乐中,这样的人生又有何意义呢?极有可能,过不了太久,连我们自己都会厌恶自己。

既然无法脱离社交网络,那就不妨充分利用一下人际交往中产生的动力,比如:多接触行动力强的人;约朋友一起健身,让运动变得有趣,减少活动开始时的不悦情绪;定期跟朋友分享自己的进步和心得……这些都可以帮助我们从他人那里获得社会性动机,减少拖延的概率,有效地提升行动意愿。

激活动力工具4：积极正向的暗示

你有没有遇到过这样的情况：望着像山一样艰巨的任务，心里不由得发紧，甚至犯嘀咕："这么难啃的骨头，我能搞定吗？会不会接下来之后，发现自己根本没能力完成？"在这些想法的折磨下，你开始想到逃避，拖延开始执行的时间，甚至找借口推掉？

一个人习惯在心理上进行什么样的自我暗示，他就会成为什么样的人，过什么样的生活，有什么样的结局。如果你总是对自己说"我不行""我做不到""我肯定得失败"，你的脑海就会被这个预言紧紧包围，阻止你去做积极的尝试，最终的结果往往就真的演变成了你所想的那样。

英国著名的心理学家哈德·菲尔德曾经做过一个试验：在三种不同的情况下，让三个人全力握住测力计，以观察抓力的变化。试验证明：在清醒的状况下，他们的平均抓力只有100磅；当他们被催眠后，抓力就变成了29磅，仅为清醒状态下的1/3；当他们得知自己正在被催眠并赋予能量时，他们的平均抓力竟达到了140磅。

这说明什么呢？当我们的心里充满积极的思想时，会激发出更多的力量。卡耐基说过："一个对自己的内心有完全支配能力的人，对他自己有权获得的任何其他东西也会有支配的能力。"当我们开始运用积极的暗示，把自己想象成为一个不拖延、做事高效、出色地应对一切问题的人时，我们就会朝着这个方向走。

事实上，所有能够激励我们思考和行动的语言，都可以成为自我提示语。当我们经常运用这些词的时候，它们会成为自我信念的一部分，潜意识也会映射到意识中来，用积极的心态来指导我们的思想，控制情绪。下一次，当你遇到问题想逃避、想拖延的时候，不妨对自己说："这是正常的，但我可以再坚持一下，把今天的任务搞定……"习惯之后，每次遇到类似情形，我们就会不自觉地产生这样的信念。

激活动力工具5：及时地奖励自己

很多时候，拖延是因为没有及时得到回报，或是内心的需求没有得到满足：任务刚完成了一半，就想去看比赛、玩游戏，可心里又知道，现在是工作时间，事情还没有做完，不能停下来满足娱乐的欲望。这时拖延就会产生，它的出现是为了满足当下这一刻的放松需求。

怎么解决这个问题呢？最简单的办法，就是及时给予自己奖励，激活动力。这种办法是有科学依据的，它是心理学家斯金纳用8只鸽子进行实验后，最终得出的结论。

实验之初，斯金纳只给鸽子喂很少的食物，让鸽子处于一种饥饿的状态中，以增强它们觅食的动机，让实验效果更明显。随后，他把鸽子放进了专门设计的箱子中。这个箱子里有食物分发器，设定每隔15秒就会自动放出食物。因此，不管鸽子在做什么，每隔15秒就能得到一份食物，这是对它们之前行为的一种强化。

接下来，斯金纳让每只鸽子每天都在试验箱里待几分钟，对其表现出来的行为不做任何限制，只是观察和记录它们的行为表现，特别是在两次食物放出期间的行为表现。结果，一段时间后，鸽子在食物发出之前的时间里，做出了一些奇怪的误导行为：有的在箱子里逆时针转圈，有的反复将头撞向箱子上方的一个角落，还有的头部前伸、身体大幅度摇摆。

斯金纳认为，鸽子的这些行为是强化的结果。在鸽子的理解中，是因为它们做出了这样的行为，才有了之后的奖励——食物。为了再次得到食物，它们就更加努力地表演。为了证实这种假设，斯金纳后来停止向箱子里投放食物。起初，鸽子还是会一如既往地表演，但渐渐地，它们发现无论怎么表演都不会有食物时，就停止了那些动作。

斯金纳认为，人或动物为了达到某种目的，会做出一定的行为。这种行为的后果对其有激励作用，这种行为就会被强化，在以后的时间里反复出现。如果这种行为的后果为其带来了损失，这一行为可能会减弱或消失。

有些人总想着，等完成所有的任务之后，再给自己放假。其实，大可不必如此。我们完全可以在工作之中穿插放松和休息，及时给自己一些小奖励，得到那一份愉悦感，让自己知道所有的努力和付出是值得的，以便更有动力去完成后续的任务。

奖励的方式有很多种，这里推荐几种常见的有效方法，以供大家参考：

· 特殊满足感奖励

你可以给自己制订"周计划外日程表"，跟踪记录每天的实践情况。每当在达到目标的方向上实践半小时后，就在计划表的表格上涂掉半方格。随着被涂掉的半方格越来越多，内心的满足感会越来越强。因为，表格中的颜色将变成成功的经验，激励我们继续前进。

利用这种方法，无须强制性要求自己什么时候开始工作、要工作多长时间，只要每天抽出时间工作一会儿，就能够得到"半方格"的奖励。这种心满意足的感觉，会把我们紧紧包裹，继而让拖延的欲望变得越来越淡。

· 社交奖励鼓舞法

在克服拖延的过程中，每完成一个阶段性的目标，都可以给自己一些社交奖励。比如，给朋友打电话聊聊天，出去约见一下；在结束一天的工作后，跟家人去看一场电影；在完成一个大项目后，给自己安排一次旅行。

· 借口化为奖励法

当我们想拖延不去做一件事时，可能会找借口说"我饿了"，这个时候要提醒自己说：先做两个小时，做完后再去吃东西。如此一来，拖延的借口就被转化成克服拖延的奖赏。

需要说明的是，我们不是为了拿到奖励才去做事，而是为了做事本身而行动。我们给予自己的奖励，是为了褒奖自己的"微习惯"，当微习惯坚持下去后，逐渐形成习惯回路中的惯常行为，结束后给予自己即时奖赏，让大脑感到开心，利用大脑的多巴胺分泌机制，形成"奖励回路"，不断驱使自己继续做这件事。最后，习惯成自然。

第四辑

WOOP思维：打破"想到做不到"的困局

> 先拿出一个愿望，
>
> 然后立即找到阻碍愿望实现的现实障碍，
>
> 并针对障碍制订一个最小行动计划。
>
> ——加布里埃尔·厄廷根《WOOP思维心理学》

WOOP思维＝心理比对＋执行意图

6岁半的女儿在读了"青蛙和蟾蜍"系列中的一个有关"工作表"的故事后，也开始对列清单产生兴趣。那个周末的早上，她效仿"蟾蜍"给自己要做的事情列了一个"工作表"，为此还精心准备了漂亮的纸，贴上喜欢的装饰画，一条一条认真地写……折腾了1个小时后，总算是把工作表完成了。然后，女儿伸伸懒腰说："做完了，我要休息会儿。"

将这一幕尽收眼底的我，哭笑不得。细琢磨，这不只是小孩子的行径，很多时候我们想做一件事情时，也会制订相应的计划，当计划做完后长舒一口气，自我感觉好了很多。然后呢？就没有然后了！那件真正要做的事，仍然被束之高阁。

之所以会出现这样的状况，是因为当我们意识到自己没有去做那些该做的、想做的事情时，会萌生出一种内疚感。这种内疚感会促使我们产生一个行动的张力，比如：下决心减肥、制订减肥计划、办健身卡、买运动装备等。这些步骤的存在，让行动的张力得到了释放。

然而，我们的大脑分不清楚什么是决心计划，什么是真正的行动。很多时候，我们只是下了决心、做了计划，大脑却误以为我们已经做过了，结果就出现了"买了书不读、办了卡不去、列了清单不执行"的情景。

正因为上述的情景时常发生，心理学教授加布里埃尔·厄廷根指出，积极思维在某些时候的确有助于激发我们的行动，但它并不总是有效的。在与以往经历脱离的情况下，乐观的幻想、梦想、希望，可能会成为行动的阻力。因为当我们在进行乐观幻想时，大脑有时会误以为梦想已经成真，享受愉悦的体验，并让我们感到放松。同时，它还会扭曲我们对客观信息的搜集，让我们找不到真正能够被实现的梦想。

简单来说，如果脱离现实，对未来盲目乐观，不仅无法帮助我们实现梦想，反倒会对我们的行动产生阻碍。为了解决这一问题，厄廷根教授以二十多年的科学研究为基础，提出了一种全新的思维工具——WOOP思维。

WOOP思维是两种心理学思维组合而成的，即："心理比对"+"执行意图"。

· 心理比对：在幻想未来的同时，充分考虑现实障碍

当我们把梦想和障碍联系在一起后，就会客观地思考梦想的合理性，并改变对障碍的看法。倘若梦想有可能实现，我们会更有动力去执行；如果梦想不切实际，我们可以趁早放弃，寻找可以实现

的新目标；期间遇到批评或反对的声音，可以更好地面对。

心理比对的意义，在于帮助我们选择靠谱的目标，并以实际行动去克服障碍。

· 执行意图：围绕实现愿望这一目的，打造明确的意图

为什么很多计划无法突显效用？原因就是，只停留在笼统的概念层面，大脑不知道什么时候、在什么地点、该做些什么？为此，我们就要在大脑里预埋行动线索：如果……我就……！把实现愿望的过程分成两个阶段，第一阶段衡量各种可能性并确定目标，第二阶段为了实现目标制订行动计划。

执行意图的价值，是在情况和行动之间建立条件反射，避免意识层面的纠结拖延，可以更有效地克服行动障碍，并能长期地坚持下去。

心理比对和执行意图之间的关系是互补的：心理比对是在人的头脑中，把愿望和障碍联系起来，从而在认知层面上让人做好实现愿望的准备。当障碍出现时，人就可以明确地投入精力，用预先制订好的方案去应对。

实践练习：WOOP思维的具体运用

说了半天WOOP思维，到底WOOP是什么意思呢？

其实，它是以下四个英文单词首写字母的缩写：

- W——Wish 愿望：你有什么样的愿望？
- O——Outcome 结果：愿望实现后的最好结果是什么？
- O——Obstacle 障碍：你会遇到哪些困难？何时、何处？
- P——Plan 计划：遇到困难，你会怎么做？

综上，我们不难看出，这就是WOOP思维的四个步骤。正所谓，学以致用。学习WOOP思维的最终目的，是让我们能够将其灵活地运用到生活中，切实地发挥效用，提高执行力。接下来，我们可以结合两个生活实例来诠释WOOP思维的具体运用。

- Step1：明确愿望——减重10公斤，养成良好的生活习惯

我希望能在三个月的时间里，减掉10公斤，达到理想的体重。

- Step2：想象结果——减掉10公斤后会有怎样的变化

我不再需要寻找"大码显瘦"的衣服，可以轻松驾驭原来不敢尝试的裙装；我的身材看起来更修长、更健美；我借助减肥养成了

良好的饮食习惯、运动习惯，同时也学会了如何调试心态，可以很好地跟负面情绪相处，让自己远离情绪性进食，远离肥胖。

· Step3：思考障碍——减肥路上最大的障碍是什么

我觉得运动是一件辛苦的事，有时会犯懒不想动；我存在情绪性进食的倾向，每当焦虑或不开心时，就会想吃东西，这也是导致我摄入热量超标的一个重要原因；过分关注体重的变化，也会影响我的心情和状态，看到体重向上浮动就会沮丧，甚至想放弃。

· Step4：制订计划——对阻碍减肥的问题制定相应的"执行意图"

· 如果我今天不想跑步，就改成走路30分钟。

· 如果我不想做有氧运动，就做一些哑铃训练、核心训练。

· 如果我因为情绪问题想吃东西时，我就问问自己：你是真的饿了吗？

· 如果我不是因为生理性饥饿想要进食，我就去户外散散步，让自己平复情绪。

· 如果我特别想吃某一样食物，就告诉自己：少吃一点，好好品尝它的味道！

· 如果我发现体重没有下降，就提醒自己"人不是机器，体重也不可能是直线下降的"，鼓励自己继续坚持，不要因小失大就好样的。

· ……

以上就是借助生活中最常见的实例对WOOP思维运用的演示，即挖掘内心深处最渴望达成的愿望，想象达成愿望后的情景，越具体越好；思考达成这一结果的障碍有哪些，也是越具体越好，然后针对这些问题制定出相应的解决策略。

学会了WOOP思维之后，是不是就能彻底改变了呢？答案是未必。我们知道，想让一种全新的模式持续下去，让它的坚持变得毫不费力，绝对不是靠意志力实现的，而是要把它养成习惯，这才是避免失败的重中之重。

以上述的减肥实例来说，在执行的过程中我们需要不断总结适合自己的方法，比如：怎样提醒自己该去运动了？怎样能让运动这件事变得简单易行？当负面情绪来临时，除了走出家门去接触大自然，还有哪些办法可以转移你的注意力，让你多去关注情绪，而不是依靠吃东西作为短暂的逃避？如果达到了一个阶段性目标，你要如何犒劳自己，为自己增加动力？这些问题没有标准答案，都是因人而异的。所以，大胆地去实践吧！

📧 谁都有愿望，但不是谁都会制定目标

WOOP思维的第一步，就是明确"Wish"。这看起来似乎是一件很简单的事，人活一世，谁还没有一点儿美好的愿望呢？事实上，这个"Wish"不是随心所欲的想法，它应该是一个可实现的目标、正确的目标。

刘易斯·卡罗尔的《爱丽丝漫游奇境记》里，有这样一段对话：

"请你告诉我，我该走哪条路？"爱丽丝问。

"那要看你想去哪里？"猫说。

"去哪儿无所谓。"爱丽丝说。

"那么走哪条路也就无所谓了。"猫说。

生命是有限的，我们之所以厌恶拖延，就是希望能在有限的时间里，做更多有益于自己的事，不让时光白白地流逝。到底什么才是有益于自己的事呢？每个人心中都有自己的想法。

每到年初，都会有不少人信誓旦旦地立下Flag：我要减肥、我要旅行、我要攒钱、我要过喜欢的生活……无奈的是，年年的"Flag"都相似，却始终没有一件被完成，几乎每个心愿都是以顺

延的方式，跟随着当事人一年又一年。

是什么因素导致了这些愿望一再被拖延？

是什么导致了有意向变得更好的人，屡屡以失败告终？

前美国财务顾问协会的总裁刘易斯·沃克曾在接受一位记者访问有关稳健投资计划的基础时被问道："到底是什么因素使人无法成功？"沃克回答说："导致人们无法成功的原因是模糊不清的目标！我在几分钟前问过你，你的目标是什么？你说，希望有一天能拥有一栋山上的小屋，这就是一个模糊不清的目标。因为'有一天'不够明确，这种不明确就降低了成功的概率。"

很多人年初立下Flag都没有实现，也是因为这一缘故：总想着新的一年要变瘦、变美、变有钱、变勤奋，要出门旅行，要丰富阅历……然而，这些都只是憧憬和愿望，听起来真是特别美妙，实际上全是模糊不清的。

想让WOOP思维工具发挥出实际效用，帮助我们对抗拖延、提升行动力，从一开始就不能把"Wish"设立成一个不切实际、模棱两可的想法，而是要设立成一个清晰的目标。什么样的目标才算是清晰的呢？让我们听听刘易斯·沃克的诠释：

"如果你真的希望在山上买一间小屋，你要先找到那座山，我告诉你那个小屋的价值，然后考虑通货膨胀，算出5年后这栋房子值多少钱；然后，你必须决定，为了实现这一目标你每个月要存多少钱。如果你真的这么做，可能在不久的将来你就能拥有一栋山上的小屋。如果你只是说说，梦想就可能不会实现。梦想是愉快的，但若没有配合实际行动的计划，那就会变成妄想。"

如何制定正确的目标，考验的是一种能力，而不是仅凭心血来潮就行的。想要抗击拖延，指出明确的行动方向，在制定目标时务必要考虑到以下几个关键因素：

Q1：目标是否清晰具体？

制定的目标一定要具体详细，不能太模糊。比如：不能说我的目标是赚钱、变瘦，你要强调的是打算赚多少钱，利用什么样的方式，花费多长时间？瘦下来多少体重？用多长时间？用什么样的方式？

Q2：目标能否衡量？

怎样才算是完成目标了呢？这需要制定一个标准。比如，你说要攒钱，到底攒多少才算是达成年度目标了呢？是两万、五万，还是十万？

Q3：目标是否现实？

好高骛远、异想天开，都是在给自己制造障碍。目标一定要结合自身的条件来制定，更要切实可行。毕竟，努力很辛苦，比努力更辛苦的是无望。倘若踮起脚尖、借着梯子都够不着，那就别浪费精力了。

Q4：目标有挑战性吗？

虽说目标不能好高骛远，但也不能唾手可得，得稍微给自己制造一些压力。这样的话，才能慢慢学会离开"舒适区"，获得成长和进步。

没有deadline的目标，很难不拖延

19世纪英国浪漫主义文学奠基人柯尔律治，文学造诣很深，依照他的天赋和才能，本可以取得更高的文学成就，无奈他是一个拖延症患者，最终与殊荣擦身而过。

柯尔律治经常出现这样的情况：和出版商谈成合作后，有时会因为追求好的灵感和思路，浪费大量的时间；有时又觉得素材和资料不合适，反复斟酌。通常，一个作品需要经历很长时间才能完成极少的部分。他的著名作品《忽必烈汗》《克里斯特贝尔》最终都以残篇（未完成）的形式发表，从这位诗人动笔到作品发布，时间间隔竟然长达二十年之久。

作家莫莉·雷菲布勒在《塞缪尔·泰勒·柯尔律治：鸦片的束缚》（*Samuel Taylor Coleridge:A Bondage of Opium*）中有过这样一段描述："他的存在变成一长串延绵不断的借口、拖延、谎言、人情债、堕落和失败的经历……"柯尔律治就处在这样的状态中，他的问题就在于，从来没有给自己的作品设定一个明确的deadline。

所谓deadline，就是截止日期。目标管理中有一个"SMART"

原则，即目标必须是：明确的、可衡量的、可实现的、有相关性的、有时限的。任何目标的实现，都需要一个限定期限，也就是我们常说的deadline。如果不制定期限的话，心中就没有deadline越来越近的紧迫感，目标很可能会一直被停放在远处，而自己却拖拖拉拉不肯行动，并摆出一系列的理由："反正时间还多呢""时机还不太成熟""我还需要再考虑一些东西"……这一思考，可能就到了很久以后。

某教育专家做过这样一个实验：他让小学生读一篇课文，不规定时间，结果全班同学用了8分钟才完成。后来，他给同学们设定了时间限制，规定他们在5分钟内完成，结果同学们不到5分钟就全部读完了。这个试验反映了一个普遍的现象：对于不需要马上完成的事情，我们总是习惯于到最后期限即将到来时才去努力完成，因此也被称为"最后通牒效应"。

既然我们都有能力或潜力在"最后通牒"来临前完成任务，那不妨就把这个截止日期做一个人为的调整。接到任务后，把deadline往前挪一段时间，然后把任务分成几个阶段，计算好每一部分需要花费的时间，一点点按照计划地完成。这样的话，就能有效地避免因目标过大而产生恐惧、焦虑的心理，还能高质量、轻松地完成任务。

另外要说明一点，deadline可以适当提前，但不能设定得太靠前，不然会给心理造成巨大的压力，而由于时间太短而难以高质量地完成任务，内心容易受挫，对自己的目标产生怀疑。如果deadline设置得太晚，则会导致执行上的拖延，或者错过目标实现的最佳时间段，即便完成了目标，也变得毫无意义。

✎ 大目标令人畏惧，小目标更容易坚持

不少减肥者都曾暗下决心：这一回必须成功，并且制订了严格的饮食和运动计划。结果呢？有人按部就班地实现了目标，有人三天打鱼、两天晒网，没超过十天就恢复原样了。你认为：两者的区别在哪儿呢？完全是意志力的问题吗？

假设，我们制定的目标是：六个月的时间，减重20kg。这是一个很明确的目标，且有截止日期。可是，该怎么实践呢？前面我们介绍过，按照WOOP思维工具的步骤，接下来要思考减肥成果的画面？然后思考障碍，制定执行意图，对不对？

这个思路是没有问题的，关键在于，如何让六个月的时间，显得不那么漫长？毕竟，有很大一部分人，心里想的全是那20kg的体重，每天早起上秤，都盼着数字往下掉，恨不得1个月之内就达成心愿。可那体重总是起伏不定，甚至在最初的阶段，明明控制了饮食、加强了运动，体重居然还有上涨的趋势。如此一来，坚持的动力很快就消退了，渐渐地又恢复到从前的状态，减肥大计就此又被束之高阁。

问题出在哪儿呢？五个字——目标太大了！人的本能是趋乐避苦，看到这么一个庞大的数字，内心会感到恐惧和排斥的。所以，我们必须要考虑这一点，才能在减肥的过程中，保证动力的可持续性。歌德说过："向着某一天终要达到的那个目标迈步还不够，还要把每一步骤看成目标，使它作为步骤而起作用。"

大目标是20kg，期限是6个月，我们能不能把它拆分一下？然后，针对每个月的小目标，利用WOOP思维工具去执行。这样的话，每个月只减掉2.5kg就可以了。如果再具体一点，把这2.5kg拆分到4周，1周只要减掉0.625kg就行了。

比较一下"我要减掉40斤的体重"和"我一周只需要减掉一斤多"，两者的心理感受是完全不同的。很明显，后者带给人的心理压力小了很多，也让人觉得容易实现，不会因为急于求成而受挫，甚至可以避免因为偶尔一两天的体重波动而产生负面情绪。

关于目标分解，最常用的就是"剥洋葱法"和"多叉树法"。

· **剥洋葱法**

把目标看成一个完整的洋葱，一层一层地剥下去，把大目标分解成多个小目标，再把这些小目标分解成更小的目标，直到具体到此时此刻做什么。实现目标的过程，是循序渐进的，从低级到高级，从现在到将来，从小到大。

· **多叉树法**

把目标看成树干，每一级小的目标就相当于每个树枝，此时要关注的，就是树上的叶子。

先写下大目标，思考一下要实现这个目标的条件是什么？接着，把实现目标的必要条件和充分条件都列出来。当这些条件完成时，就是达成大目标之前先要完成的小目标。然后，再思考要实现这些小目标的条件是什么？继续列出达成每一个小目标的充要条件。如此类推，直到画出所有的树叶，就算完成了这个目标的多叉树分解。

从叶子到树枝，再到树干，不断地问自己：如果这些小目标都能实现，大目标一定会实现吗？当你能够从容自信地回答"是"的时候，表示这个分解已经完成。如果回答是"不一定"，那就证明所列出的条件还不够充分，需要继续补充。一棵完整的目标多叉树，就是一套完整的达成该目标的行动计划。所以，目标多叉树，也被人称为"计划多叉树"。

一下子达到大目标，肯定是不切实际的，还很容易让人产生挫败感。可是，把大目标分解之后，每天不拖延、按时地达到小目标，却不太难，而且这种微小的喜悦感会给我们带来动力，让自己看到进步。这样一来，改掉拖延习惯的成功率就会越来越高。

目标评估与修正的方法与原则

前面我们说过,设定目标时要考虑到,目标是否切实可行?是否可以衡量?那么,有没有什么办法可以协助我们做这件事呢?现在,我们就来了解一下,如何评估目标是否合理,以及如何判断目标是否能够达成?

·目标大小的评估

目标评估包括两方面内容:其一,目标和理性的评估;其二,计划可行性的评估。这两项评估的核心,是对目标大小的评估。在做这项工作时,可以结合多叉树目标分解法。

在完成多叉树分解之后,我们可以根据实际情况来进行判断:

·在限定时间内,无法完成树叶代表的工作量——设定的目标太大

·在限定时间内,能够轻松完成树叶代表的工作量,甚至有结余——设定的目标太小

·目标是否可达成的评估

方法1:直接判断

围绕设定的目标，进行一场自问自答。下面有一些问题，括号里是达成目标的标准答案，依据自己的答案进行判断，看看自己的目标是否能够达成？

Q1：我为什么要达成这个目标？（写出十条以上的理由）

Q2：我有多渴望达成这个目标？（意愿强度100%）

Q3：我如果无法达成，会怎么样？（不成功便成仁）

Q4：我愿意为这个目标付出什么样的代价？（愿意付出任何代价）

方法2：充要判断

将目标进行多叉树分解后，根据情况来判断：

·所列条件仅仅是必要条件，即使小目标全部达成，大目标也未必能够实现，

·所列条件是充分且必要的条件，除了必要条件外，还有各种辅助条件，那么只要小目标全部达成，大目标一定可以达成。如果小目标全部达成，而大目标不一定达成，就证明在分解时可能忽略了其他的条件。这时候，要立即进行补充，直到条件完全充分为止。

如果目标没有问题，但在实现目标的过程中出现了意外情况，怎么做才能够保证目标不中断，不被无限地拖延下去呢？这就涉及修正的问题了。

·修正原则一：修正计划，不要修正目标

英国有一句谚语："目标刻在石头上，计划写在沙滩上。"这

句话的意思是说，目标制定好了，不要反复地修改，这个习惯很可能会让你虎头蛇尾。虽然目标不能轻易改，但实现目标的计划可以根据情况随时调整，如果在一条路上遇到了太多阻碍，或是根本行不通，我们就要尝试换一条路来走。

·修正原则二：调整限定的时间

要克服拖延，肯定要尽可能地按照限定时间来完成任务。可如果中途出现了意外情况，增加了工作量，不妨适当地给自己一个宽限期。需要注意的是，宽限要有度，不能太过放纵。如果时间太过宽裕的话，很可能因为心理上的松懈，导致惰性心理的出现，诱发拖延。

·修正原则三：调整目标的量

有些人年少时梦想着成为医生、画家，可随着年龄增长，就开始不断地压缩梦想，从医生变成护士，从画家变成设计师。等真的长大了，这些梦想可能又被压缩成"我要考上个差不多的学校，找个差不多的工作"。就这样，从前的梦想全都被压缩没了，从胸怀大志变成了胸无大志。

说这些的目的，是想提醒大家，走到这一步的时候，我们已经开始压缩最初的目标了。如果不是万不得已，最好不要用压缩梦想的方式来适应残酷的现实。我们要做的是，努力寻找新的方法去改变现实，实现既定的目标。

- 修正原则四：坦然放弃目标

对于任何一个渴望成功的人来说，放弃都是一件残酷的事。因为放弃了，就意味着失败了。然而，对于真正的成功者来说，这个世界没有失败，只是暂时还没成功。只要不服输，成功总会有一天会到来。

- 修正原则五：重新面对新目标

重新面对新的目标时，最好不要重复上面的过程，而是应该永远重复"第一步"：修正计划，修正计划，再修正计划，直到成功。

第五辑
重视精力管理，人人都可以不拖延

经历的重要性看似显而易见，

却经常被人们在工作和个人生活中忽略。

如果精力的多少、质量、集中程度和力度不恰当，

我们所做的一切事情效果都会大打折扣。

——吉姆·洛尔《精力管理》

精力不足是拖延的生理基础

还记得本书引言里的阿乔吗？为了给客户出图，连续几天加班到夜里，周末也搭了进去。每天回到家都是精疲力尽，只想瘫在沙发上。在这样的状况下，让阿乔完成每天跑步5公里的计划，真的很难。这不是动机问题，而是能力问题。

在某些特殊的时刻，我们无法全身心地投入到要做的事情中，只想躺下来好好休息，不是因为心理上的惰性和其他症结，而仅仅是因为精力不够，也就是人们常说的"心有余而力不足"，而这也是拖延产生的生理基础。

没有充沛的精力，就不能有高效率，想解决拖延的问题，务必要重视精力管理。精力管理有一个金字塔模型，它很好地诠释了精力的构成，了解了这个模型，我们就能够清晰地知道该如何有计划地管理自己的能力。

· 金字塔模型第一层：体能

高效率的工作，高质量的生活，都离不开健康的体能。正所谓："身体是革命的本钱。"现代医学研究发现，体能好的人，尤其是心肺功能突出的人，大脑的供血和供氧都比较好，这直接影响到个体的工作效率，他们就算是长时间工作也不容易感到疲劳。

没有良好的体能，就没有充沛的精力。体能是金字塔模型的最底层，也是根基，它和我们的健康状态、饮食习惯、运动习惯、睡眠质量等都有密切的关系。

· 金字塔模型第二层：情绪

如果一大早就遇见了特别糟心的事，我们的情绪会受到很大影响，就算到了公司，也很难快速地投入到工作中。反之，如果一早上就遇见特别开心的事，那么这一天都会觉得自己精力充沛，做事效率也很高。现代心理学发现，情绪对人的记忆力、认知力和决策力，都有很大的影响。情绪好的时候，我们做事的积极性、主动性和创造力，都会大大增加。

· 金字塔模型第三层：注意力

注意力是大脑进行感知、学习和思维等认知活动的基本条件，也是实现精力稳定、有效、持续性输出的决定因素。如果我们有良好的体能、高涨的情绪，可注意力却无法集中，就很难把一件事做好，甚至连完成都有困难。

很多拖延者在各方面状态较好时，把注意力放在了收发邮件、开会、闲逛网页、刷抖音、追剧、玩游戏上，待到"醒悟"的时候，已经没有时间和精力去完成那些真正重要的事了。

· 金字塔模型第四层：意义感

意义感，就是深层的价值取向，也是驱使我们去完成某一活动的原动力。这部分的内容，我们在前面的章节中已经有所涉及，本章会稍作一些补充。

概括来说，想拥有充沛的精力，要从良好的体能、积极正面的情绪、稳定的注意力和明确的意义感四个方向着手，精力不被浪费和错置，换得的就是高效能。

吃什么样的食物，决定着你的状态

立志减肥的莉莉，靠着半个月不吃主食的方法，成功瘦下来10斤。体重的下降，让莉莉欣喜若狂，想起过程中的各种忍耐和控制，她也觉得值了。她还想沿着这条路继续走下去，然而看似强大的意志力，很快就被瓦解了。莉莉变得很情绪化，易怒易激惹，做什么都提不起精神，脑子昏昏沉沉的，整个人也变得极不开心，感觉生活都没意思了。

终于在不吃主食的第二十五天，莉莉精神彻底崩溃了。她一个人跑到了自助餐厅，大快朵颐地吃着蛋糕、披萨、米饭、面条……统统都是碳水。前面所有的痛苦和煎熬，也自此打了水漂，莉莉觉得，不吃主食的生活简直是人间炼狱。

为什么长时间不吃主食，身体会出现一系列的不良反应，人也变得郁郁寡欢、容易暴躁呢？

其实，最主要的原因就是，碳水化合物（糖类）摄入不足！

如果碳水化合物（糖类）吃多一些，是不是就可以让人变开心呢？也许，吃的那一刻是这样的，毕竟糖油混合物类的食品很容易让血糖升高，让人感到兴奋和快乐，但这类东西吃多了以后，会让人变得懒懒的不想动，甚至昏昏欲睡。因为这些食物不容易消化，大量的血液要集中到胃部工作，导致大脑供氧不足。

所以说，早餐或午餐摄入过多高油、高糖类的食物，对我们的学习和工作并没有益处，非但补充不了精力，还会给身体增加负担。倘若是晚上吃这些东西，消化系统还要加班劳作，身体更是难以得到充分的休息。

无论是网络还是现实中，越来越多的人开始青睐"抗糖"。从科学的角度来说，我们每天摄入的糖分不能超过40g，摄入过多的糖会加速衰老，并引发各种慢性疾病。不过，抗糖不等于不吃糖，而是限量食用精糖和血糖指数高的食物，如精米白面；适量食用升糖指数低的食物，如粗粮、豆类等；尽量少食用热量高、糖分高、无营养的食物，如膨化零食、碳酸饮料等。要知道，缓慢释放的糖分，才能为我们提供更稳定的精力。

除了糖类以外，蛋白质和脂肪也是不可或缺的精力来源。

我们的身体从毛发、皮肤到骨骼、肌肉，再到大脑和内脏，乃至血液、神经组织、内分泌组织，都离不开蛋白质的参与，且蛋白质与免疫系统有密不可分的关系。

长期以来，人们对脂肪存在误解，认为它是不健康的。其实不然，脂肪能够缓解饥饿感、缓解餐后血糖上升的速度，有助于身体健康和细胞膜的修复。只不过，现代人的生活条件好了，脂肪摄入的量需要控制。通常来说，一个人每天摄入的油脂总量应保持在每千克体重1g以内，如果想要减脂，可以将每日的摄入量控制在每千克体重0.8g。在选择脂肪时，尽量避开劣质脂肪，也就是反式脂肪酸，如食物配料表中的"人工黄油""植物起酥油""植脂末"等；最好食用三文鱼、金枪鱼、核桃、芝麻油等优质脂肪。

最后要说的两大精力来源，就是维生素和水。

水果和蔬菜是维生素的重要来源，两者相比较而言，我们更推荐蔬菜，特别是绿叶蔬菜，它的平均维生素含量是各类蔬菜中最高的。在日常饮食中，建议每餐都要有一盘绿叶蔬菜。如果外出无法摄入足量的绿叶蔬菜，也可以选择维生素片作为补充。

美国国家科学院医学研究所建议，人每天的饮水量为每千克体重30mL，也就是说，体重是50kg的人，每天的饮水量应该为1500mL。水是生命之源，充足的水分可以增加身体的活力，提高皮肤和筋膜的质量，保持肌肉与关节的润滑，并能够延缓衰老。尽量少喝或不喝含糖饮料，让身体保持更好的状态。

现在，你不妨回顾一下：你平日里的饮食习惯是怎么样的？哪一类的食物摄入偏多？你工作时的精神状态，是否跟摄入的食物有关？千万别小看"吃饭"这件事，如果总是吃精制谷物等单一化合物，很容易引起情绪波动，令人疲倦或没精神。如果吃对了东西，不仅能让身体舒畅，还能缓解压力、改善情绪，让我们获得良好而稳定的工作状态。

可能你会问：如果馋了怎么办？毕竟人有寻求快乐的本能啊！没关系，我们可以利用"二八法则"来解决：如果你吃的食物中，有80%都能够提供足够补充精力和健康所需要的能量，那么剩余的20%，你完全可以吃自己喜欢的任何食物，只要控制好不超量。

及时叫停压力，别等到身心被掏空

当我们感到精疲力竭的时候，通常是我们已经达到了自己精力的极限。在这样的状况下，无论想做一件事情的动机有多强烈，体力或脑力都难以支撑我们去完成它。这个时候，拖延就不可避免地出现了。

怎么办？暂时放下，调试压力，几乎是唯一的出路。冬天里的雪松，你一定也见识过？但你有没有想过，雪松为什么能够承受住大雪的压力？不是因为它刚强，而是因为它柔韧。那些只会笔直伸出的树枝，反而会被压断。人在面临压力的时候，积极休息就成了必须。

积极休息，不仅是指蒙头睡一觉，还是指一切可以达到放松身心效果的活动。

二战时期，德国法西斯攻打英国，伦敦经常是火海一片，轰炸声不绝，可在这么紧要的关头，丘吉尔竟然坐在沙发上织毛衣。这件事传了出去，所有的英国人都不理解，抱怨他是一个无心的首相。后来，人们才知道，织毛衣其实是丘吉尔独特的休息方式和自我放松术。他指挥着百万大军，管理着战乱中的国家，精神经常处于高度紧张的状态，他把仅有的一点空闲时间用来织毛衣，就是想分散自己的注意力，让精神得到放松。咱们的压力再大，也大不过丘吉尔吧？他都能抽出点儿时间放松，我们还不能吗？

当然，也有一些人，明明已经支撑不住了，硬要咬着牙坚持，即便饱受拖延和低效率的折磨，也不敢停止工作，甚至还会对"放松"的想法和行为产生罪恶感。如果你正陷在类似的困境中，那么我想提醒你：被埋没于重重任务之中不能自拔，是典型的压力成瘾。压力成瘾后，带给我们的是低下的效率、无节制的生活习惯、烦闷的心情，以及越来越糟的身体状况。面对这一问题，最好的办法就是，停下来补充精力。

十年前，我在一家文化公司做策划。随着公司规模的壮大，我的工作量也开始增加，每周要处理2~3个策划案，还得负责编审其他稿件，工作性质严重烧脑。起初的两三个月，还勉强可以接受，但半年之后，一系列的"症状"就冒了出来。

我坐在工位前，经常会心跳加速，甚至有喘不上气的感觉；我的消化系统也变得脆弱了，吃的东西不太能消化掉，三四天都无法正常排便。更糟糕的是睡眠，通常是凌晨一两点才睡着，过三四个小时天就亮了，还要爬起来应对第二天的工作……那一年里，我的体重增加了15斤，可明显感觉是虚胖和水肿。由于身体的免疫系统受到了削弱，感冒成了家常便饭。

那时候的我，只知道自己难受，却不知道怎么缓解这种不适。原本喜欢的工作，变成了最大的折磨，脑子变得越来越钝，效率也开始下降。我的情绪波动特别大，要么懒得说话、闷头不语，要么点火就着、易爆易怒。

饱受慢性压力摧残的我，终于在一个失眠的夜里，在心率过速、呼吸急促的状况下，颤抖着手，给老板发了一条辞职的消息。我强烈地感受到，这种状态无法从短暂的休假中获得解脱，我需要的是彻底放空，并为自己充电。几年来高强度的脑力输出，已经榨干了我所有的想法和激情，我无力再去支撑那份需要创意的工作。

离职以后，我开始调整生活作息，利用食补和药补调理身体，同时读书、学习，为身心充电。之后，我重新规划了自己的职业生涯，选择成为一名自由撰稿人，承接自己擅长的项目和内容，自主安排工作计划与进度，避免因过量的工作或过强的挑战，让精力消耗殆尽。

每个人的精力都是有限的，压力越大，精力消耗得越快。我们不可能逃离到一个毫无压力的世外桃源去生存，只能在疲累的时候释放压力，同时为自己寻找另外的精力来源，而不是坐等身心被掏空。

杜绝"连轴转",精力也需恢复

我们一直在谈论如何戒掉拖延,那么,戒掉拖延的终极目的是什么呢?

是为了提高效率,尽量用最短的时间,高质量地完成更多的任务?这是一个目标,但不是最终的结果。我们真正要的是,告别混乱和拖沓,用节省下来的时间,去享受高质量的生活。说到底,戒掉拖延的终极目的,是为了获得更从容、更美好的生活。

现实中,有一些人并不是主观上想拖延,而是力不从心导致了拖延。这些人往往都很要强,做事也比较认真,甚至把工作当成了全部,把所有的时间都用在了工作上,即便是周末,也要把工作带回家。然而,这样做的结果,并没有真的达到终极目标,换来的只是一团乱麻似的日子,一副情绪化的脸,一颗疲惫不堪的心。

晓茜是一家公司的销售主管,能够坐上这个位置,实属不易。

她骨子里的有一份不服输的倔强,办公桌上永远有一张崭新的计划表,两天之内要处理的工作都罗列得很清楚。这张工作表,她每天都会进行更新，即使是累到筋疲力尽躺在被窝里，也要把计划表写完才肯睡去。

每天从睁开眼的那一刻起，她脑子里想的就是工作。在公司里，给客户打电话，与客户约谈，忘了时间，忘了休息。丈夫偶尔有事打电话给她，不是拒接，就是听到这样的声音："我忙着呢，等会儿给你回电话。"这一等，就是一整天。

偶尔，工作的烦恼侵袭着她，让她无所适从。在公司里她是个销售主管，要展现出自己能干的一面，要给下属一个积极的形象，要让老板信任自己的能力。所以，她只能忍着。可一旦回到家，这种情绪就如洪水般地爆发了。

累了一天，回家后她没心思再做其他事情。家里经常不开火，丈夫工作也很忙，两人要么各吃各的，要么就叫外卖。为了洗衣服、打扫房间的问题，晓茜不知道跟丈夫吵了多少次。她觉着，丈夫不够心疼自己，她嫌他不会做饭、嫌他懒，而丈夫也是一肚子委屈。

有一次，丈夫在情急之下，对晓茜大发雷霆："我不是你的下属，我公司的事不比你少，你什么时候关心过我？我遇到麻烦的时候，你说过一句耐听的话吗？只会指责我赚钱少，没能让你过清闲日子？你问问自己，是我不让你清闲，还是你自找的？现在，弄得家不像家，日子不像日子，你感觉不出来吗？我就不明白，干吗非要把外面的烦心事带回家里，折磨自己的家人……"一连串的问题,让晓茜哑口无言。

晓茜突然意识到,自己虽然是个好员工,却算不上优秀。因为,自己的努力没有给家人带来幸福和快乐,反倒破坏了融洽的生活,也影响了自己对生活、对工作的心情。她在事业和生活的天平上,倾斜得太厉害,几乎把所有的精力都留给了工作。

福特汉姆大学管理学客座教授桑德·弗劳姆,经过研究总结出了超级领导者具备的特征:"他们更年轻,他们理解一周7天一天24小时、无眠无休工作的痛苦,他们意识到,如果家庭失和、没有朋友,他们的工作表现也会变得糟糕,他们还能敏感地感受来自家庭的需求,比如配偶快要达到临界点或孩子需要获得更多关注。这些技能不是与生俱来的,而是经过多年的工作磨炼出来的。"关于这一点,杰克·韦尔奇也有类似的观点:"工作与生活的平衡说起来容易,做起来难。你老板的首要任务是竞争力,他当然希望你过得开心,但这也仅仅是因为一个开心的你能够帮助公司。"

无论社会如何变迁,家庭与事业都不该是对立的,而是相辅相成的。没有家人的支持、家庭的温暖,少了情感精力的来源,有成就时无人分享,有烦恼时无人分担;没有事业的支撑,少了经济的来源,生活就会缺少保障,家庭关系也会变得不稳固。唯有找寻到工作与家庭之间的平衡,并努力去维持这种平衡,才能保证高效的工作和愉悦的生活。

那么,如何安排工作与生活,才能让精力在耗损与恢复之间达到一个平衡呢？

最简单直接的办法，就是戒掉"连轴转"的模式：

· 减掉无谓的加班

如果是工作计划的截止日期临近，而大量任务还没有完成，这时加班加点地忙碌一下无可厚非。如果是其他原因，比如到了下班点，其他人都没有走，你不希望跟别人不一样，即便完成了工作也不敢离开，那实在没有必要。老板看中的是具体的工作成果，而非外在的表象，只要让老板知道你的成果，就无须再为任何理由觉得自己在办公室里待得不够久。

· 适当地休息一下

有一项研究表明，近三成的人都选择在办公桌前吃午餐，真的是分秒都不停息。其实，如果能在午间花一刻钟小憩一会儿，哪怕只是闭目休息，也能够让精力得到恢复，改善工作表现，增进整体的健康状况。

· 放过休息日和假期

夜以继日地工作，连假期也不例外，并非什么好事。最好的方式是就一两周的生活做一份时间明细表，记下每天花掉时间的方式，改善使用时间的模式，看看自己的工作安排有何不妥之处，及时调整。

· 划清公与私的界限

你每天查看几次电子邮箱？工作有没有侵入到你的假期、汽车、卧室，霸占了原本可以自由运用的时间？如果是这样，那你要学会把生活区隔成不同的部分，把工作留在属于它的时间段，其余的时间和精力，留给家人和自己。

精力是稀缺资源，学会拒绝很必要

生活中有一类拖延者特别"可怜"，说他们"可怜"是因为，他们热情、善良、好说话，就像《芳华》里的刘峰，不管别人提出什么样的请求，都会尽力伸出援手。有时，他们甚至会把自己的私人时间挪用出来，为别人办事，只求得到一句"你人真好"的评价。在他们的字典里，是没有"拒绝"这个字眼的，仿佛拒绝了别人，就等于抹杀了自己的价值。

善良的本质，永远是值得尊重和提倡的。然而，人的精力是有限的，不去思考自己的生活中该有什么，不该有什么；要做什么，不必做什么，真的理智吗？在力所能及的范围内，不必消耗太多时间精力，帮别人一个忙，融洽了关系，无可厚非。可当有些请求本身已经让你很为难，而你也有一堆事务缠身时，再去接受这些请求，就没必要了。

比尔·翁肯曾经提出过一个"猴子管理法则"，它告诉我们：

"每个人都应当照看好自己的猴子。如果你是一个珍惜时间的人，就不要随随便便去接别人扔过来的猴子。如果有人总是把他的猴子丢给你，而你也接受了，那么你的生活和工作会变得一团糟，因为你要花费大量的时间去照顾别人的猴子。

"如果你让每只猴子都爬到你的背上，不但对你不好，对猴子也不好。接受不合适的猴子，可能表示合适的猴子会因为缺乏关注而憔悴，但如果你说服别人照顾自己的猴子，并适时给予应有的关爱和注意，猴子就可能会变成很可爱的宠物，并带来喜悦，甚至是肯定。"

可能有人会问：如果同时要我去背负他的猴子，或者他们的猴子正骑在我的背上，我该怎么办呢？对此，专家给出的建议是："虽然这个世界上到处都是猴子，但你能做的，只是挑选出一只你真正关心的即可。如果可以，让别人去照顾他们自己的猴子，如果他们不想处理，你也不应当试图解决别人的问题。偶尔伸出援手没什么，但千万不要让人以为，你可以随意接受任何人的猴子。这样的话，你才能够避免浪费自己的时间。"

学会说"不"，是对自己的尊重，也是一项重要的能力。很多拖延者之所以会拖延，就是因为太顾及他人的感受，完全丧失了拒绝的能力，为他人的事浪费掉了太多的精力。

为什么会不好意思拒绝别人呢？究其根源，无外乎是以下几方面原因：

· 接受请求比拒绝请求更容易

· 担心拒绝之后触怒对方，破坏原本融洽的关系

・不了解拒绝他人请求的积极意义

・不知道如何拒绝他人的请求

的确，拒绝他人可能会引起对方的不愉快，但绝不能因为有这样的担心就做出来者不拒的选择；也不能因为害怕破坏原本和谐的关系，就一直隐忍着委曲求全。事实上，不是所有的拒绝都会导致不愉快的结果，关键在于掌握拒绝请求的技巧，在一定程度内避免或消除上述的这些疑虑。在拒绝他人的请求时，不妨按照下列的步骤去做：

・Step1：认真听完对方的请求，哪怕听到一半时，就已经知道非拒绝不可，也要听对方把话说完。这样做是为了表示对拜托者的尊重，也是向对方表明，自己对事不对人。

・Step2：当时无法决定接受或拒绝时，可直接告诉对方还需要考虑一下，并确切告知自己所需要考虑的时间，消除对方误以为你在用考虑做挡箭牌。

・Step3：拒绝接受请求时，态度要诚恳，略表歉意。但是，说话一定要干脆，不能拖泥带水，让对方感觉到你是真的无能为力，同时也让对方有不再继续说服你的念头。

・Step4：亲自拒绝对方的请求，不要请第三者代劳，那样的话，对方会认为你态度不够诚挚，是在敷衍他。

相互协作值得提倡，但前提是，游刃有余地处理好自己的事。集中精力处理好重要的事，而后有富裕的时间和精力，在力所能及的范围内，再去考虑接受别人的请求。别总是不好意思拒绝他人，当对方向你提出请求的时候，他已经做了两重准备，一是同意，二是拒绝。不做"滥好人"，才能逐渐脱离忙碌辛苦、拖延无为的状态，还自己一份轻松与从容。

变更工作的内容,同样是一种休息

农业上有一个术语叫间作套种,这是一种常用的科学种田的方法。

人们经过长期的生产实践得出经验:间作套种可以合理配置作物群体,让作物高矮成层,相间成行,有效地改善作物的通风透光条件,交错利用土壤肥力,实现养地增产的目的。

人的脑力和体力也是一样,如果长期持续从事同一项工作,就会产生疲劳,让大脑活动能力降低,精力涣散,产生拖延。此时,如果能够适当地改变工作内容,就会产生新的兴奋点,而原来的兴奋点会受到抑制,让脑力和体力得到调剂与放松。

芮先生正处于年假中,可他却觉得,越休息越累,想看看书、学习一会儿,可刚坐下来就感觉浑身都软绵绵的,还不停地犯困。然而,前一天晚上,他并没有熬夜,完全睡足了8小时。想做点简单的工作,不用费太多的脑力,却始终无法集中精力,就是觉得累。他想借助小憩一会儿来缓解,没想到,睡了一觉之后,疲惫还是如影随形。

很多人都碰到过跟芮先生一样的情形：越休息越觉得累，越休息压力越大，总是不自觉地焦虑和担忧，这是为什么呢？实际上，原因就在于，用错了休息方法。

英文《新约·圣经》的翻译者詹姆斯·莫法特，每天的工作量是巨大的。据他的一位朋友讲，他的书房里有三张桌子，一张摆放着他正在翻译的《圣经》译稿；一张摆放的是他的一篇论文的原稿；还有一张桌子摆放着他正在写的一篇侦探小说。然而，莫法特却从未觉得精力不够，或是疲惫憔悴，因为他就是靠从一张书桌挪到另一张书桌来休息的。

多数时候，疲劳都是厌倦的结果。此时，我们是应该停下工作休息，但休息并不意味着什么都不做，只躺在床上睡觉。把工作的性质变化一下，疲劳一样可以得到缓解。比如，写作累了的时候，找本喜欢的书看看，或是到户外运动一下，都是不错的选择。

哲学家卢梭曾说，他只要工作时间稍长一点，就会觉得身心俱疲，且只要超过半小时专注地处理一个问题，就会感到累。为解决这个问题，他让自己不断地处理不同的问题，累了就换一个问题继续思考，始终让大脑保持着轻松愉快的状态，而他的研究的工作也没有间断。

为了防止工作中出现的疲劳感降低工作效率，影响我们做事的情绪，我们要经常地变换工作方式、工作地点，或是几种工作互相交叉同时进行，让大脑一直处在新鲜的信息刺激下。这就是莫法特休息法的核心。事实上，它包含以下五种类型的"工作—休息"模式：

· **抽象与形象交替**

研究理论问题可以跟学习形象的、具体的问题交替进行，比如，在研究哲学、美学、历史、心理等问题感觉疲惫时，可以去看看小说、散文或图片，这样的话，大脑左半球会得到休息，同时大脑右半球得到充分利用。之后，再去研究理论问题，就能够恢复充沛的精力。

· **转换问题的切入点**

对于同一研究对象，如果切入点不同，大脑的兴奋点就会不一样，这时也能够达到休息和提高效率的目的。比如，阅读一部理论专著，在从前往后的研读中，觉得很枯燥，身心有疲惫感。那么，不妨从自己感兴趣的地方去读，逐渐扩展，就能让自己兴趣盎然，集中精力。

· **体力与脑力交替**

这种方式很常见，也比较容易理解，就是进行一段时间的脑力劳动，略感疲惫时，放下手头的工作，出去运动一下，如散步、慢跑一会儿，就会感到精神焕发。

· **动与静交替**

长时间用一个姿势学习、写作或阅读，很容易感到疲劳，适当地改变一下姿势，或是变换一个地点，都可以兴奋神经，消除疲倦。比如，坐着工作一小时后，感到有些累，不妨站起来工作。

· **工作与休闲交替**

工作是必需的，娱乐也不可少，和谐的生活需要有张有弛，方能长久。突击式的工作只适合一时，时间久了，必然会引发危害。在紧张工作的间隙，可以看看电影、听听音乐、爬爬山，体会一下休闲生活的乐趣，这不是浪费时间，而是愉悦身心的选择，可以有效地提高创造力，甚至获得某些灵感的启示。

掌握丢弃的艺术,减少精力的耗损

日本畅销书作家泉正人讲到,他第一次看到《丢弃的艺术》这本书时,是在一辆公交车上。他被书的内容深深地吸引了,以至于差点儿就错过了下车的车站。

回到家后,泉正人按照书中介绍的方法,拿着几个垃圾袋走进自己的房间。几个小时后,他从房间里走出来,手里拎着整整8只垃圾袋的物品,有不再穿的衣服,有小学时期的课本,有儿童时代的玩具,还有各种橡皮和贴纸,等等。他自己也不敢相信,这些东西竟然都是从那间只有十几平米的小卧室里整理出来的。

整理完这一切之后,泉正人坐在垃圾堆旁边,陷入了沉思中:以前我为什么没有意识到家里有那么多没用的东西呢?最让泉正人震撼的还不止于此。当他把所有的垃圾都搬走后,房间里顿时换了模样,连他自己都不认识了。原来被物品占据的部位,露出了从未见过的地板,看上去豁亮了很多,像是别人的房间。屋子里的空气似乎也变得轻盈了,泉正人体会到了前所未有的轻松。

这样的变化带给泉正人的影响是终身的。从那天开始,泉正人明白了整理的重要性。如今，泉正人同时经营着五家企业，每年读书300本以上，经常去听讲座、上英语口语班、打高尔夫，每个月都去海外考察旅行、演讲，还出了多本畅销书。可是，他从未感觉被忙碌绑架，他认为是《丢弃的艺术》这本书改变了他的人生。

泉正人回忆说："其实，我不是一个擅长整理的人，我是那种，能不整理就不整理的人。话虽如此，可我也认识到了整理的重要性。我吃过那样的亏，比如因为没有及时整理，导致一项工作不得不重复去做，浪费了时间；或是丢失了重要的票据，丧失了客户的信任；等等。

"我个人的经验是，如果不及时整理，工作效率就会下降，有时不得不花费很长时间找文件或票据，或是重复同样的工作。这些时候，我的大脑也是混乱的，分不清工作的轻重缓急，可只要及时进行了整理，工作就会变得特别顺利。总之，我整理不是单纯为了环境整洁，而是为了提高工作效率。"

美国作家布鲁克斯·帕玛说过："垃圾或杂物，包括你保留的但对你不再有用的东西。这些东西可能是损坏了的，也可能是崭新的，无论如何，它们都已经失去了价值，所以成了垃圾。这些东西一无是处，当然不能提高你的生活品质。相反，它们是优良生活的牵绊，是焕发生机的阻碍，也是你必须清除掉的绊脚石。"

丢掉无用的杂物，不仅仅是一项清洁工作，更是打破固有的生活模式和习惯性的思维，为自己所处的环境以及身心，做一次彻底的清除，凸显出更重要的、更有价值的东西，让我们把有限的时间和精力投入到这些事物上，换来高效、高质的人生。

要清理杂物，第一步就是作出取舍，对物品进行分类——现在用的、将来用的、不会再用的。我们要扔掉的，就是那些不会再用到的东西。我们不妨说得再具体一点，什么样的东西是需要扔掉的杂物？

·最近一两年内都没有再使用过的东西，且没有预定要使用的东西。比如，化妆品、衣服、包包、报纸、文件等。

·待修理的东西，如坏掉的手表、电扇、锅碗瓢盆。如果这些东西无法奇迹般地自行复原，那就完全可以把它们扔掉了。

·伤感情的东西，如前任的照片、上次婚姻的婚纱、未录取的通知书、亲人灾难事故的简报等，这些东西会严重影响我们的情绪，阻碍我们走向新的人生，不可留。

拥有太多东西，会降低我们的工作效率，消耗太多的时间和精力。如果不丢弃杂物，一味地任其增加，杂物就会成为生活的主人，而我们会变成被杂物包裹的负能量者。丢掉过去的、旧的、没用的物品，思想和生活会发生根本的改变。

完成那些未完成的事，腾出心理空间

未完成事件是完形心理学中的一个概念，它不仅指那些没有完成的事，还包括强调个体情感需求被压抑，一种持续的、不被认同的状态。就心理咨询工作而言，处理最多的往往是后者，比如一段关系的结束、一个不告而别的人，总是令人难以接受。这种缺憾是持续的，因为没有做好充分的心理准备，对于这种不确定性的发生，会感到猝不及防，很难在短期内接受，继而引发焦虑和痛苦。

德国心理学家库尔特·考夫卡，曾经做过这样一个实验：将受试者随机分成两组，同时完成一道有难度的数学题，一组给予40分钟的解题时间，另一组只给20分钟的解题时间。结果发现，那些已经完成题目的人，在第二天的回访中很快就忘记了题目的内容，而那些没有充裕的时间去完成测试题的受试者，依然能够清晰地回忆起题目的细节。因为在他们心中，那道没有做完的题，成为了未完成事件，占据了他们的心理空间，消耗着他们潜在的心理资源，有些人甚至在吃饭的时候，依然在回想并思考这道题。

在生命的历程中，有许多需求会因为各种原因未被满足，比如：小时候受到排挤而没有表达，被他人责备的恐惧没有被看见，自己喜欢的东西没有被满足，相恋很久的人最终离自己而去……为了缓解痛苦，个体通过压抑、搁置、忽略等方式来获得心理上的平衡，在此过程中消耗了大量的心理能量，积累的未完成事件越多，消耗的能量就越大，也就无法聚焦于当下，全情投入到该做的事情中，继而造成全新的未完成事件。

凯莉女士昨晚和先生吵架，两人闹起了冷战，各睡一间卧室，早起又都各自忙着上班，谁也没有说话。其实，凯莉女士已经意识到，昨天是因为她说了很多刺耳的话，才彻底惹怒了先生，她想了一晚上，颇为自责。凯莉女士很想跟先生道歉，可早上起来看到先生一脸阴沉，也就没有开口说什么。

上班的路上，凯莉女士的心里一直惦记着这件事，反复思索那些想说而未说的话，以至于差点儿坐过了站。到了公司，同事跟她打招呼，谈及工作上的一些安排，她虽点头示意，实际上心神恍惚，根本没有记在心上。因为，她满心满脑想的还是昨天和先生吵架的问题，这个未解决的问题，几乎占据了她全部的心思。

很多人都喜欢说："时间是最好的良药。"事实上，那些未能完成的、令人遗憾的、无法释怀的东西，时间无法替我们解决。多数人选择用这样的方式有意无意地去逃避面对心中的遗憾，最终却被"未完成事件"所控制。没有人能真正逃开它们，只有真正接受心灵深处那些"未完成事件"，鼓起勇气重新经历它们，为每一个结果负责，才可能获得心灵上的自由。正所谓：只有到达才能离开，只有满足才能消退，只有完成才能圆满。

有人曾在白纸上画一段圆弧，结果发现，经过白纸的孩子多半都会很自然地拿起笔补上线段，让圆弧变成一个完整的圆。更令人惊奇的是，不只是小孩子，就连大猩猩也有这样的癖好。这些心理学实验都向我们阐述了一点：人类天生就有把事情做完，让需求得到完全满足的倾向。无法满足的需求，会一直牵引着我们心灵的注意。

在心理咨询中，未完成的情结一旦形成，通常要借助宣泄与补偿的方式来进行纠正。当事人要增加对此时此刻的觉知，认识并清理那些被压抑的情绪和需求，继而获得人格上的完整。如果我们在生活、工作和情感中发现了"未完成事件"，可以通过专业的心理咨询，使潜意识意识化，重建对一些重大问题的认知，从而找到针对性的解决办法，如写一封私密的信、角色扮演、心理剧等，面对并接纳自己的过去，走出"未完成事件"。

战胜拖延不能靠意志力，要靠仪式习惯

研究人员挑选了一些有饥饿感的受试者，将其分成两组，并在他们面前摆放了两盘食物，一盘是香甜可口的巧克力饼干，另一盘是胡萝卜。研究人员告诉第一组受试者，可以随心所欲地食用面前的食物；第二组受试者则被要求，不能吃巧克力饼干，只能食用胡萝卜。

实验开始后，第一组受试者拿起饼干就吃起来，第二组只能吃胡萝卜的受试者却面带苦相，望着眼前美味的饼干却不能碰，简直是一种煎熬。研究人员透过监控发现，第二组中有一位受试者，拿起饼干闻了一会儿，又恋恋不舍地将其放了回去。这足以证明，在这个过程中，第二组只能吃胡萝卜的受试者调动了意志力，而第一组可以随意吃东西的受试者，却没有这样的感觉，他们显得轻松而愉悦。

15分钟以后，研究人员给两组受试者出了同样的"一笔画"谜题，让他们来解答。这样的题目，完全需要依靠意志力坚持做下去。研究人员发现，可以吃饼干的第一组受试者，在谜题任务中平

均坚持了16分钟；而只能吃胡萝卜的第二组受试者，平均只坚持了8分钟。

透过这个实验，你有没有总结出点什么？主动性与自律都需要调动意志力，但意志力远比我们想象得要稀缺，我们必须选择性地取用。即使是很小的自控行为都会消耗精力储备，这次主动运用精力意味着下次可取用的精力减少。

所以，不管是抵抗美食的诱惑，还是强制性地完成运动计划，或是咬牙坚持一项困难的任务，都会消耗我们容易枯竭的精力储备。对我们而言，每天只有很少的一部分精力可用于自控。正因为此，卡内基梅隆大学社会与决策科学系的专家，对于人们喜欢在年初定立目标的问题如是说道："如果想把新年第一天立下的决心坚持到底，依靠意志力是没用的。只要有毅力和决心就能排除万难、抵御所有诱惑的想法，根本站不住脚。"

从心理学的角度来讲，意志力可能代表着大脑中用来处理紧急状况或意外状况的那一部分；而像运动、减肥、戒烟、戒酒等问题，涉及大脑的另一部分，即习惯系统。然而，习惯系统发展得十分缓慢，它在各种技能的学习中发挥作用，比如骑自行车、开车、游泳。最初，你要一点一点地学，慢慢掌握难度更大的技巧，最后达到相当熟练的程度，根本不需要去思考该怎么做。成瘾，就是对习惯系统的"劫持"，所以戒烟或节食才会变得如此困难。

想要依靠意志力去长久地坚持一项任务，或是改掉某个不好的习惯，就像试图用水枪射穿墙壁一样徒劳。与之相比，更加有效的办法是：循序渐进地树立能够成功实现的目标，用良好的仪式习惯去替代坏习惯。当良好的仪式习惯形成后，就不用再花费太多的意志精力去维持它，确保精力消耗与更新能够达到有效平衡，更好地为全情投入服务。

那么，怎样来养成良好的仪式习惯呢？

· 要点1：先行动，再思考

人们经常说，做事要"三思后行"。我想，这句话应当区分情境。如果是做一项重要决策，三思而后行很有必要的，这样能够降低冲动或大意导致的失误；如果是要养成一项仪式习惯，特别是对抗拖延问题时，思虑过多可能会成为行动的阻碍。

在没有养成习惯之前，我们在做一件事情时，大脑往往需要反复思考，待消耗意志精力后，才能做成一件事。如果省去这个过程直接去做，最终就会变成一种自发模式，不必调动意志力就可以完成，这是养成仪式习惯的重要前提，也是节省精力的重要途径。

· 要点2：让习惯与你的身份融为一体

詹姆斯·克利尔在《掌控习惯》中提出了一个"塑造身份"的概念，他说："真正的行为上的改变是身份的改变。你可能会出于某种动机而培养一种习惯，但让你长期保持这种习惯的唯一原因是它已经与你的身份融为一体。"当你开始把自己看成是你想成为的那个人时，你就会让自己更容易采取行动养成新的习惯。

以戒烟为例,当有人把一根烟递给你时,你不要说:"谢谢,我正在戒烟。"你要告诉对方:"谢谢,我不抽烟。"这就是塑造身份的转变,你是一个不吸烟的人,那你自然就不会去做吸烟的行为。

· 要点3:精准和具体化的计划

研究人员要求参与者撰写一篇圣诞前夜的规划报告,并在48小时内提交。第一组参与者被要求,明确他们准备写作的时间和地点;第二组参与者则不做任何要求。结果,第一组参与者中有75%的人都按时提交了报告,第二组只有三分之一的人按时提交。

研究人员要求女性受试者在一个月内定期自查乳腺情况,两组受试者都对这项活动表示出了浓厚的兴趣和坚定的决心。第一组受试者被要求提交她们为自查安排的时间和地点,第二组受试者没有接到这样的要求。结果,第一组受试者几乎100%地完成了这项任务,第二组受试者却只有53%的人完成了任务。

以上研究都证明了一个事实:当计划不够精准和具体化时,需要调动我们的自控能力储备。如果确定了时间、地点、具体行为,即:我要在什么时间、什么地方、做什么事,就不必再在大脑中反复思考和记忆,可以有效地节省精力。

· 要点4:仪式习惯的养成讲究"小而持续"

人有趋乐避苦的本能,大脑也倾向于储存能量。然而,任何行动都需要消耗能量,所以当人们在两个相似的选择之间做决定时,会很自然地倾向于需要最少精力、努力或有最小阻力的选择。这也提醒我们，一个习惯需要调动的能量越少，就越容易实现；需要调动的能量越多，就越难以维持。想要养成良好的仪式习惯，采取细小的、一致的、持续的行动至关重要。我们必须保存精力，让大脑支持自己，才能建立促进这些习惯的系统。

同时，也不要希冀着一下子养成多个仪式习惯，一次性设定太多的改变，远远超出个人意愿与自律的有限能力，很容易就会退回原形。这不仅会打破原来的计划，还会给自己带来负面情绪。习惯是慢慢养成的，欲速则不达，每次把精力放在一个重大的改变上，每一步都设定一个可行的目标，成功的概率会更大。

·要点5：为所做的努力提供视觉证据

詹姆斯·克利尔在《掌控习惯》一书中讲道："视觉提示是我们行为的最大催化剂。出于这个理由，你所看到的细微变化会导致你行为上的重大转变。"比如，一些专注于健康生活或运动的APP里，会有饮食记录（热量）、运动课程，可以记录自己的身高、体重、围度、减脂或塑形目标；记录饮食，每天直观地看到热量摄入；每周固定时间记录体重，随着时间的推移自动生成变化曲线，以及完成计划的进度，一目了然，有趣又实用。

·要点6：建立反馈机制

即时反馈的重要性，我们在前面详细地介绍过，此处不再赘述。总之，在习惯养成的过程中，一定要设立反馈机制，当自己完成了30天、60天、100天的阶段性里程时，不妨送自己一件喜欢的礼物，如健身服、短途旅行、精美的日记本等，获取积极的精力，继续前进。

更重要的是，反馈机制的存在，可以让我们把注意力从只关注结果转移到享受追求结果的过程中，当某一行为与愉悦建立了条件反射后，这个行为就更容易延续下去了。

第六辑

有效是做正确的事，效率是正确地做事

> 有效管理是掌握重点式的管理，它把最重要的事放在第一位。
> 由领导决定什么是重点后，再靠自制力来掌握重点，
> 时刻把它们放在第一位，以免被感觉、情绪或冲动所左右。
>
> ——史蒂芬·柯维《高效能人士的七个习惯》

思考力是一个人最核心的能力

福格行为模型有三个基本构成要素：动机、能力和触发。

关于动机，我们已经从拖延的心理症结，采取或拒绝某一行为的动力与阻力，以及制定目标计划等方面做了详尽的阐述。但有些时候，我们可以清楚地感受到动机，但因为要做的事情过于复杂和困难，我们无从下手，最终也会拖延。

实际上，这就涉及了福格行为模型的第二个因素——能力。

有关能力的部分，本书着重从两个方面去阐述，一是高效做事的方法，二是时间与精力管理。有了动机和目标，就如同有了做事的方向，也就是说我们解决了"做正确的事"的问题；接下来我们要做的就是，掌握"正确地做事"的方法，并学会在做事的过程中高效地利用时间，减少精力耗损。当我们能够找到解决难题的突破口，且不让自己陷入到身心俱疲的旋涡，拖延的概率会大大降低。毕竟，痛苦不袭来的时候，谁也不会想要逃避。

正确地做事，固然离不开行动，但更重要的是，行动之前的思考。

一个工人在伐木场找到了一份差事，他满怀热情地想把这份工作做好。

上班第一天，老板给了他一把斧子，让他到人工种植林里去砍树。他很卖力，一整天都挥舞着斧子，总共砍倒了19棵大树。老板很满意，夸他做得不错。工人大受鼓舞，下定决心以后要更卖力地做事，不辜负老板的赏识。

第二天，工人依旧很拼命地做事，可身体却出现了不适，先是腿又酸又疼，而后胳膊也累得抬不起来。尽管已经很努力，却只砍了16棵树。他很失落，自己明明比前一天更认真、更卖力，劳动成果却不如意。工人觉得，一定是自己还不够努力，倘若一直这么下去，老板肯定会认为自己在偷懒。

第三天，工人投入了双倍的热情去砍树，直到把自己累得瘫倒在地上。让他失望的是，他这次只砍倒了12棵树。他是个诚实的人，内心觉得愧对老板开的高薪，就主动说明了情况，还检讨说自己太没用了。

老板没有指责他，只是问了一句："你多久磨一次斧子？"

工人愣住了，说："我每天都在忙着砍树，没有时间磨斧子。"

为什么已经很努力了，却总是得不到想要的结果？答案就在故事里。

踏实肯干的态度，无疑是值得肯定的，但这不意味着只要肯花时间、肯下工夫，就可以高效地完成任务。拖延不一定都是因为懒，还有一种原因是：盲目做事、不善思考，凡事只知靠手、不知用脑。犹太人的生存法则之一是保持勤勉的习惯，但他们也时刻牢记着《塔木德》中的教诲："仅仅知道不停地干活显然是不够的"，思考力是一个人最核心的能力。

混乱的信息会阻碍正常的思考

心理学家爱德华·哈洛威尔做过一个形象的比喻:"一心多用就像是打网球时用了三个球,你以为能面面俱到,以为自己的效率很高,可以同时做两件或者多件事情,实际上不过是你的意识在两个任务之间快速切换,而每一次切换都会浪费一点时间、损失一些效率。"

在私企做秘书的Coco总是抱怨自己的工作:"每天事情太多了,要打印文件,要去银行缴费,要给客户回邮件……有时,我都不知道该从哪儿下手。"

同样是做文秘工作的Tina,就职的集团比Coco所在的公司规模大很多,工作量自然不用说,可她却不觉得日子难熬,经常能去新餐厅尝鲜,能跟朋友郊游,还有时间写网络小说。

Coco和Tina之间的差别,不完全是心态上的问题,更主要的原因是工作方法。如果毫无头绪、杂乱无章,即便只有几项事务,也会被折腾得晕头转向。

你在工作中有没有这样的经历:原本正在全神贯注地做一件

事，突然电话铃响了，同事找你帮忙，上司又安排了新任务……迫不得已，只能中断手里正在进行的工作。来回折腾几个回合，最后可能一件事情也没完成，刚刚理清的思路也变得混乱了。

思考最大的敌人就是混乱，神经学家发现：人的大脑通过语言通道、视觉通道、听觉通道、嗅觉通道等来处理不同的信息。每一种通道，每次只能处理一定量的信息，超过了这个限度，大脑的反应能力就会下降，非常容易出错。

本来，你专心致志地背一天单词，可以记住50个，但你非要戴上耳机，听着广播，那么你的注意力偶尔就会被广播分散，影响你背单词的效率。一天下来，你可能就只记住了25个，剩下的25个，自然又得拖到明天去做。所以说，太多的信息会阻碍正常的思考，就像电脑的内存塞满了处理命令，会导致运行缓慢或死机是一样的道理。

要解决这个问题，方法很简单：一次只做一件事。

爱迪生也说过："如果一个人将他的时间和精力都用在一个方向、一个目标上，他就会成功。"如果你经常在工作中把自己搞得疲惫不堪，那么很有可能是没有掌握这个简单的方法。试着让大脑一次只想一件事，清除一切分散注意力、产生压力的想法，让思维完全进入当前的工作状态，往往就不会因为事务繁杂、理不出头绪而顾此失彼了。

做事就像拉抽屉，一次只拉开一个，满意地完成抽屉内的工作，再把抽屉推回去。不要总想着把所有的抽屉都拉开，那样会把一切都搞得混乱，让自己精疲力尽，却得不到好结果。

别总追求快，最高的效率是不返工

周末到表姐家聚餐，16岁的外甥被分配的家庭任务是洗碗。

表姐做了一桌子的菜，大家吃得津津有味，外甥更是如此。可到了要"收拾残局"的时候，外甥却开始抱怨了："哎呀，做这么多菜干嘛呀！收拾起来真麻烦。"他想饭后睡个午觉，2点钟起来看篮球赛。于是，他就请求表姐："妈，我能不能待会儿再洗碗啊？先放厨房！" 表姐干脆利落地回答："随便，反正迟早都是你的事。"

外甥回了房间，一会儿就睡着了。临近2点的时候他起来了，跑进厨房做"洗碗工"。10分钟之后，顺利完工，他哼着歌走到客厅，倒在沙发上。刚打开电视，表姐就开始喊："小杰，你过来！这是你洗的碗呀？下次就让你用这个吃饭！"

"怎么啦？"外甥问道。其实，他心里很清楚，自己刚才洗碗时就是在糊弄。表姐指着柜橱上的碗说："那碗上还沾着米粒呢！炒菜的锅也没刷呀！我不相信你不会洗，就是糊弄。"结果，在表姐的监督下，外甥只能仔细地把碗重洗一遍，再将碗筷放进橱柜，擦净灶台。

这一通折腾之后,已经2点多了。外甥嘟哝道:"怎么过得这么快呀?球赛都开始了!"表姐:"还不是你自找的?明明15分钟就能做好的事,你拖着不做,等时间不多了,又开始糊弄人,最后再返工。你自己算算,哪个更省事?这不是能力问题,是习惯问题。"

表姐一语中的,外甥在学习的问题上,也跟刷碗的情形差不多。任何学科的作业都是先拖着不做,玩够了再说。等想做的时候,时间已经不充裕了,好多细节就顾不上了,最后着急忙慌地把作业处理完,"应付"老师的检查。

每次这样做的时候,他心里也没底,知道自己的作业是怎么赶出来的。老师也有一双慧眼,能够看出"不会"和"马虎"的区别在哪儿?所以,外甥经常被老师批评,做事不够认真,总是拖拖拉拉,自己给自己"挖坑"。

洗碗看似只是生活中的一件小事,却反映出一个人做事的习惯。长此以往,习惯成自然,做其他事情也会延续潦草、糊弄的模式。有些时候,拖延的发生不是因为"缺乏行动力",而是"行动太过粗糙":先是从心理上轻视了一件事情,认为可以轻而易举地完成,忽略了其中的难点和可能会犯的错误;或者是主观主意,总想着差不多就行了,实在不行再想办法,却没意识到返工其实会让事情变得更复杂。

如果能够修正好,顶多是延迟点时间,并不会造成太严重的后果。但也有另外一种情况，就是第一次没有做好，想再修复就很难了，既耽误了时间，也没能实现预期的目标。

经常撰稿的人，一定对此深有体会，特别是要完成一本10万字以上的书稿，返工大改如同"死刑"。很多东西都是一气呵成的，如果第一次写的时候比较粗糙，甚至存在逻辑不通、表述混乱的问题，再怎么修改和润色，也难以形成一本优质的书稿。

我在原来的工作室担任审稿编辑时，每次碰到这样的稿子，一边润色一边焦心，甚至很想把稿子全盘推翻。有些选题的立意，真的是很好，框架思路也不错，可就在执行层面出了问题，写得一塌糊涂。实在没法修改，就只好把稿子废掉，重新再写。

每一个选题都是有出版计划的，一旦无法如期交上合格的稿子，出版的计划就会被打乱。通常，作者和编辑都会很在意截止日期。然而，在时间和质量无法平衡的条件下，只能牺牲时间，保证质量，但这样的选择也是要付出不小的代价。

为了避免返工造成的延误，著名的质量管理大师克劳士比，提出了一个重要的工作思想：第一次就把事情做对！为此，他还创立了一个公式：

质量成本（COQ）=符合要求的代价（POC）+不符合要求的代价（PONC）

所谓"符合要求的代价"，就是指第一次把事情做对所花费的成本，而"不符合要求的代价"，让我们意识到浪费成本的存在，从而确定要改进的方向。

如果一件事有10次做对的机会，第1次没做对，第2次没做对，第3次没做对……到第9次做对了，结果是对了，但相比第一次直接把事情做到最好，却浪费了大量的时间。所以，当一件事情是有意义的，且具备了把它做好的条件，为什么不一次性就把它做好呢？

我们的时间和精力都是有限的，所谓"一鼓作气，再而衰，三而竭"，一件事情如果需要花费大量重复性的劳动去完成，到最后浪费的不仅是时间，还有生命。凡事只做一遍，一遍最好，是减少拖延的选择，也是对人生高品质的追求。

越不喜欢的事情，越不能往后拖

马珂刚荣升为市场部的主管，每天都觉得事情多到做不完。

老板让他周一交一份市场分析报告，他心里很清楚这件事的重要性，特别是作为一个新上任的市场部主管，这直接关系到公司对他个人的绩效考核。可是，马珂真是打心眼里讨厌做市场分析，看着那些资料和数据就觉得烦透了。

马珂郁闷又焦躁，可工作不能停。他漫不经心地看业绩报表，布置市场开发任务。等把这些事情都安排好之后，已经是周五了，这时他才想起市场分析报告还没有做。

周末加班吧！这也是无奈之举。马珂望着电脑，不过十几分钟，就已经有了倦意。他冲了一杯咖啡，重新回到电脑前，这时朋友打来电话叙旧，又耽误了半个小时。马珂的思绪全被打乱了，脑子里一片空白，对着电脑不停地发呆。就这样，看看网页，写点东西，很快一天就过去了，他的市场分析报告才做了三分之一。

从潜意识的角度来说，马珂的拖延是很正常的反应，因为他内心抗拒这件事，不想做市场分析报告，担心会影响自己的绩效考核，所以他选择了拖延。如果不去做、没做完，就不必面对现实了，至少不用那么快地面对现实。

可惜，现实不会以我们的意志为转移。总有一些不喜欢的事，是我们必须要去面对的，甚至要求我们必须把它做好。在这样的处境之下，想不被拖延耽误，最简单的办法就是给它贴上"优先处理"的标签，把它列为最重要的工作，放在精力最充沛的时间段去完成。

结合自身的一些经历，我觉得多数能让人变化的选择，过程都不会太过舒服，比如改变不良的饮食习惯、加强运动、学习新知识与新技能……待尚未养成习惯之前，做这些事情就是在和趋乐避苦的本能抗争。我们不能完全无视自己的感受，却也不能完全纵容错误的做法，自爱和自律有机结合，才是正确的选择。

我在没有养成规律运动的习惯之前，每天都觉得它是一件"想做"和"不舒服"并存的事。想做，是因为有动机，希望自己有个健康的身体；不舒服，是运动的过程比较累，本能地抗拒。最开始，我把这件事留到晚上做，但执行得并不好，经常会因为白天工作一天太累而放弃；更糟糕的是，它从早上开始，就一直被我记挂在心里，属于一个"未完成事件"，消耗了不少的精力。

后来，我做了一些调整，把运动这件事安排在早晨，起床后优先去完成。这样一来，我早早地把它处理完，心里就可以将其放下了，且一整天的心情都会比较好，因为我战胜了自己，克服了对这件事的抗拒，也算是获得了激励。

　　希望我的这一生活经历，能够带给你一些启发和触动。正因为经历过，才愈发觉得，对抗拖延，真的不只是改掉陋习，它更是一项深刻的自我修炼。

杜绝"工作1分钟,闲游1小时"

从事自由职业者多年,我的自律性(应该说是工作习惯)是没有问题的,可在刚入驻某写作平台并开通微信公众号的那段时间,我却犯了拖延症。原因就是,突然接触了两个新鲜事物,总忍不住去看看,每天打开电脑的第一件事,就是去看评论区留言,看其他文章。待真正开始工作时,基本上已经一个多小时过去了;刚有点头绪,写了几百字,突然又想去看看,再次打开,把一些文章更新到微博,然后一个小时又过去了。

一天下来,不知道要打开网页多少次,时间嗖嗖地就过去了。以前一个工作日可以完成五六千字的任务量,可那半个多月,每天写的稿子连三千字都不到,偶尔就写一个小节。眼看着截稿日期越来越近,积压的任务量越来越多,烦躁不安、焦虑紧张一股脑儿全来了。

在意识到稿子的任务快完不成时,我终于清醒了。

我把工作时间从每天的8点钟调整到7点钟。坐在电脑桌跟前,列出"今天"要完成的任务,在头脑高效的时间段里,心无旁骛地投入其中，除了查询相关资料，不看手机，不开网页，专注地写稿。我个人的黄金时间是，上午的7:00—10:30，下午2:30—5:00，晚上8:00—10:00，这些时间我尽量会用来工作和充电，剩余的时间稍作休息，处理下留言。坚持了两三天以后，工作的进度明显得到提升，焦躁的心情也平复了很多。虽在前面浪费了一点时间，但后期我还是有条不紊地补了回来。

加拿大学者皮尔斯·斯蒂尔，在拖延症研究领域颇有建树，他在《拖延方程式：今日烦来明日忧》一书中提出了一个方程式，形象地阐述了拖延的主因：

U（工作效率）$=E$（成功的期望值）$\times V$（工作收益）$/I$（分心度）$\times D$（拖延程度）

显然，分心度的大小直接影响着工作效率的高低，两者是反比关系。分心度越大，工作效率越低。拖延的人，往往都是在分心的问题上栽了跟头。有时仅仅是从一个专注的状态中抽离出去，哪怕只是看了三五分钟的手机，也很难再进入原有的专注状态。毕竟，大脑在任务与任务之间进行切换，是需要时间来调整的。

要减少分心造成的低效率，我总结了一些简单易行的小方法：

·工作时将手机放在其他房间，必要时用电脑登录社交账号。

·卸载非必要APP，同种类型的只留下最好的那一个。

·如每天有大量信息需要处理，可以规划好每天固定的时间回复消息。

- 不断进行心理暗示，做好眼前的正经事，无聊的事放一边。

除了屏蔽干扰的因素以外，选择比较容易提高注意力的学习和工作环境，也是可行的办法。比如，同样的一本书，有些人在家里看时总感觉看不进去，可在图书馆里看，不仅思路清晰，看得认真，看过后还有想写阅读笔记的欲望。

原因在于，图书馆很安静，没有电视电脑，没有人讲话，大家都在安静地看书，这样的环境和氛围能够帮助我们抛弃杂念，注意力高度集中，所以学习和工作的效率会很高。在家看书的话，如果周末家人都在，经常来回走动和讲话，都会对我们产生影响。

对抗拖延，要靠自我和外界的共同作用。意志力强时，可以通过自控来实现高效；意志力差时，可以通过选择环境为自己创造高效的工作条件。在做一些重要的项目时，可以适当地给自己留出一些空白的时间，以便处理零零碎碎的小事，避免耽误正事。

四象限法则：做事要分轻重缓急

琳娜是一家网站的专栏作者，她习惯每天早上五点钟起来阅读和写作。很多朋友得知后，都纷纷赞叹，说这个姑娘真是太自律了。其实，琳娜自己并没有这样的感觉，她的解释特别实在："我找不到更好的时间来做件事了！阅读和写作是我一天中最重要的事，所以就安排在每天的第一个小时。早上写作有一个好处，读者醒来时，新文章已经推送到手机上。如果每天早上给人带来一个启示，让他们有个好的开始，对于一个作者来说，再幸福不过了。"

琳娜把阅读和写作放在了第一位，自然就有些事情得被安排到后面，比如回复邮件、留言等。琳娜说自己是最差劲的回复者，发送给她的消息或邮件，有时要三四天才能得到回复。在她看来，这些是投资报酬最低的事，只能留到空闲的时候去处理。

就这一处理问题的方式而言，琳娜和备受拖延困扰的人有质的区别。很多拖延的人，上班第一件事就是刷网页，回复私人消息。轻博客的创始人David Karp曾坦言，他十点钟以前从来不收发电子邮件，如果有要紧事，对方会打电话或传简讯。减少编辑和回复电子邮件的时间，可以完成更多更重要的工作。

无论是普通的撰稿人琳娜，还是轻博客的创始人David Karp，他们都有共同的做事特点，即把最重要的事情放在第一位！很多拖延者之所以会耽误重要的事，有时是受主观上想要逃避困难的心理左右，有时是压根没有认清什么是重要的事。开展工作之初，拖延者往往从最容易的事情入手，制造一种可以欺骗大脑的假象："我已经开始努力了"。结果呢，真正重要的事情就被搁置了。

当有多重工作任务在身时，我们需要借助"四象限法则"，将这些事务按照"重要"和"紧急"的不同程度进行划分，分别填入四个不同的象限之中：

· 第一象限：重要且紧急的事

这类事情是最重要的事，且是眼下就得解决的，比如住院开刀，必须在最短的时间内解决，否则会威胁到生命安危。总之，这类事情是保障生活、实现事业和目标的关键环节，比其他任何一件事都值得优先处理。唯有先把这些事合理高效地解决掉，我们才能安心且顺利地开展其他活动。

· 第二象限：重要但不紧急的事

生活中有很多事情，在时间上并不是很紧急，却直接关乎着我们的家庭、健康、个人学识、成长进步，比如培养感情、教育子女、健康饮食、规律运动、坚持阅读等。这些事情很重要，但就因为并不紧迫，很多人无法将其有益的结果与现状联系起来，就一直拖着不去做，或是完全不当回事。直到有一天，看到了不好的结局，才悔不当初。

- **第三象限：紧急但不重要的事**

这类事情在生活中经常会出现，你刚准备看会书，朋友就发来了闲聊的消息，互动了几个回合之后，你想继续看书，却怎么也看不进去了。于是，你又花了点时间来缓冲，才慢慢静下心来。很多事项被拖延，就是因为受到了这些"紧急但不重要"的琐事的干扰。

- **第四象限：不重要且不紧急的事**

从字面意思可以看出，这些事情既不重要也不紧急，如看电视、刷新闻、玩游戏，似乎做不做两可。对于这些事项，如果确实想做，不妨限定时间，看电视1小时、玩游戏2局，时间到了就停止，避免被其缠住。

现在我们已经清楚了四个象限内的事务类型，需要说明的是，很多朋友在现实中会把"紧急但不重要的事"（第三象限），误认为是"重要且紧急的事"（第一象限）。其实，我们只需要判断一下，这件事对于完成某个重要的目标有没有帮助，就能将其正确归类了。比如，朋友约我立刻出门逛街，这对我完成每日的读书目标、写作任务没有任何帮助，且这件事也不在当日的任务清单上，那我就可以把它放在"紧急但不重要的事"（第三象限）之中，空闲时再约。

一般来说，"重要且紧急的事"（第一象限），不会花费太长时间，如回复一个重要的电话，发一个重要的通知。真正耗费时间和精力的，是那些"重要但不紧急的事"（第二象限），它们通常是一个长期的规划，一项长远的目标。如果我们不重视这些事，一拖再拖，它们极有可能会上升为"重要又紧急的事"。此时，就算全身心投入其中，时间上也来不及了，结果就是让我们陷入巨大的麻烦之中。

掌握5S整理法,避免因杂乱而分心

你有没有这样的感触:当办公桌上堆满了文件、书籍、日历、水杯、水机等一系列物品时,心情会变得烦躁,思绪会一片混乱,完全进入不了工作的状态?特别是找一件东西找不到时,翻来翻去,焦急万分……好不容易找到了,时间已经浪费了不少,整个人也觉得疲乏。

时间有限,人的精力也有限。越来越多的公司都在推崇"5S整理法",如果我们能够掌握这个方法,上述的杂乱状态就能得到减缓或避免。少了杂乱的事分心,自然就能把心思专注在重要的事情上,提升效率了。

那么,何谓5S整理法呢?

5S整理法起源于日本,是整理(Seiri)、整顿(Seiton)、清扫(Seiso)、清洁(Seiketsu)和素养(Shitsuke)这5个词的首字母缩写,指在生产现场对人员、机器、材料、方法等生产要素进行有效管理,深受日本企业的推崇和青睐。

用福格模型战胜拖延症

・1S——整理

区分要和不要的东西，除了需要用的东西以外，其他的都不放置。

在判断"要和不要"时，可遵从一个原则：把未来30天内，用不着的任何东西都挪出现场，目的是腾出空间来活用。

・2S——整顿

要的东西按照规定定位、规定方法摆放整齐，明确数量，明确标示，实现三定：定名、定量、定位。这样做的目的，是为了避免因找东西而浪费时间。

・3S——清扫

清除工作现场内的脏污，保持一个干净、明亮的环境。

・4S——清洁

将上述的3S实施的做法制度化、规范化，维持其成果。

・5S——素养

培养文明礼貌习惯，按照规定行事，养成良好的工作习惯。这一条的目的在于，提升人的品质，培养对工作认真负责的态度。

丰田公司在维持和改善工作环境时，一直使用5S整理法，且尤其重视整理和整顿这两点。认真执行5S整理法，可以有效地消除工作中的浪费，提升工作效率。在丰田公司，没有人会认为整理是可有可无的杂事，而是将其视为工作本身。

丰田的一个生产车间，墙边摆满了储物架，架子上放着许多长期不用的物品，有些零件明明只需要一个，货架上却摆着两三个，甚至更多。

有一次，丰田的指导师让员工把不需要的物品清理掉，只在货架上摆放那些用得着的物品。结果发现，很多货架都空了出来，可以挪走不用。更让大家意外的是，当他们把货架挪开时，发现货架后面居然有一扇窗户。

通过整理和整顿，能够消除被浪费的时间、空间和物品，只用最低限度的零件和工具来工作，能够大大提高工作效率。就在这一年，丰田的这家生产车间一年成功削减了300万日元的生产成本，残次品的数量也大幅减少，产品的质量提升了一个层次。

许多人对5S整理法存在误解，认为只要工作环境和场地看起来干净、整理就可以了。事实上，这并不是5S整理法的精髓。单纯地把东西摆放整齐，顶多算整洁，但整洁不是目的和终点。比如，对书架进行整理时，将书本按照大小进行归类，或者把资料文件按照纸张的大小和颜色进行归类，这样看起来是挺整洁的，但并不能提升工作效率。在寻找相应的书籍和文件时，依然要挨个地翻看，花费不少时间。

对我们来说，如何在现实中运用5S整理法才能实现提高效率的目的呢？

- 对办公资料和用品进行分类

所有的办公用品和工具都可以大致分为三类：现在要用的、将来要用的、永远不会用的。

现在要用的东西，也就是今天或明后天需要的东西。如果是生产现场，这些东西就相当于产品的零部件，或是必不可少的工具。如果是办公室，那就是与手头正在进行的项目密切相关的资料和用品，这些东西要放在手边，有助于工作的顺利开展。

环顾四周，你会发现还有一些东西是这样的情况：

这个资料可能某一天会用到、那个文件有可能会有用……然而，这些东西将来真的会用到吗？你最好扪心自问：到底什么时候能够用到？给出一个确定的期限，如一周后、三周后、一个月后、三个月后，按照时间区间对这些东西进行分类。

如果无法给出期限，那就把它们归为"不确定"的一类。到期后，如果这些东西还是没有用到，那就可以归为"永远不会用"的类别中，然后无情地舍弃掉。

· **按照有效的标准叠放资料与文件**

何谓有效的标准？不是简单地按照资料和文件的纸张大小和颜色来分类摆放，那样对提高效率没有任何帮助。

整理的目的是为工作提供便利，因此，我们要在对资料进行分类的基础上，按照资料的重要性、时间性等标准有序叠放，便于寻找和使用，这才是有效的整理。

比如，把最新的资料放在最上面，把最旧的资料放在最下面，这样找资料时就有明确的依据了，很快能够找到自己所需的东西，也不至于把文件都翻乱。

• **善于用小工具整理物品**

整理离不开工具，如文件柜、文件袋、文件夹、装订工具、笔筒、名片夹等，看似很简单的东西，如果能够巧妙利用，可以起到很大的作用。

比如，把现在用得到的文件放在文件夹里，将来可能用到的文件装到文件袋里，把永远不会用的文件丢弃，或是暂时放在文件柜里。各种办公笔放在笔筒里，把散落在抽屉里的、办公桌上的名片，都放进名片夹里。这样一来，得到的不仅是一个干净整洁的办公区域，还能够快速地寻找到自己所需的资料和工具，效率会高很多。

训练结构性思维，解决问题讲究逻辑

审稿的时候，我最害怕碰见逻辑性混乱的文章。

工作室的新作者，经常会犯这样的错误：同一个问题，车轱辘话来回说。哪怕之前已经详细地讲过了思路和框架，他们也表示理解，可落到笔头上时，还是犯了错误。

其实，讨论任何话题，无非都是围绕三大命题——是什么？为什么？怎么办？

写作也遵从这样的思路，比如，写一篇"过分追求完美会导致拖延"的文章，我们首先得把"过分追求完美导致拖延"的现象，借助案例或论述呈现出来，让人知道它"是什么"？解释清楚以后，就要分析为什么有些人非得追求完美，不肯容忍瑕疵？这是什么样的心理症结？知道了"病因"，再对症下药，给出有针对性的、有实用价值的解决方法。

按照这样的思路去写，文章读起来是很顺畅的。然而，逻辑性不清晰的作者，可能开篇就写了"过分追求完美"的现象，到了该解释原因和给出解决策略的时候，又重复说这种现象如何的不好……

整篇文章读起来非常烦琐。遇到这样的稿子时，我会倍感煎熬。

为什么有些人逻辑性很清晰，有些人无论是说话、写作还是处理问题，都毫无逻辑可言呢？这跟智商有关系吗？坦白说，这与智商的关系不大，真正的决定因素在于结构性思维。

什么叫结构性思维呢？下面有14个字母，你试着在3秒钟内看完并记住它们？

a e f b g j k d c i h n l m

能记得住吗？是不是觉得很费劲？现在我把它们的位置换一下，你再试试？

a b c d e f g h i j k l m n

同样是这些字母，但凡有过学习拼音或英文基础的，很快都可以记住它们。

这就是结构性思维的原理：人处理信息的能力有限，大多的信息会让大脑感到负荷太重，它更偏爱有规律的信息。上述的两组字母是一样的，但第一组字母是随机排列的，而第二组字母是按照26个英文字母的顺序排列的，结构上更有规律，更符合大脑的思维习惯。所以，我们记住第二组字母就相对容易一些。

想要提高做事的效率，就要刻意训练结构性思维，在此提供两种方法：

·方法1：自上而下建立结构

在处理问题、与人沟通、撰写文章的过程中，如果我们能够建立一个框架，把零散的信息放进去加工整合，就能够得出方法与结论，这个框架就是结构性思维。其实，这一方法东西我们很早就接触过，比如学习作文时，老师讲过的"总分总"结构；解答数学题时，先求什么、后求什么的思路，都属于结构性思维的范畴。

· 方法2：自下而上提炼结构

自下而上提炼结构，是一个先发散再收敛的思考过程，目的是提炼出一个结构完整、逻辑清晰的框架，来帮助我们系统地解决问题、回答问题。

Step1：尽可能列出所有思考的要点。

Step2：找出要点之间的关系，利用MECE原则进行分类。

所谓MECE原则，就是相互独立，完全穷尽。对于一个重大的议题，能够做到不重叠、不遗漏地分类，而且能够借此有效把握问题的核心，并成为有效解决问题的方法。

Step3：总结概括要点，提炼要点。

Step4：补充观点，完善思维。

例如，周二当天，某公司领导预想在下午3点召开一次会议，将此任务传达给总经办助理。但因为需要与会的人员各有公务在身，且时间上有差别，总经办助理思虑后，把开会的时间安排在周四上午11点。她要怎样向领导汇报，才能说清楚这样安排的原因？

罗列要点：

· W经理下午3点钟不能参加会议

- S说不介意晚一点开会，会可以放在明天开，在10:30之前不行
- 会议室明天有人预订，但周四还没有人定
- T总明天要很晚才能回来
- 会议定在星期四11点比较合适

概括分类：

- 明天（周三），T总无法参加
- 上午10:30前，S不能参加
- 下午3点钟，W经理不能参加
- 周四会议室可用

提炼要点：

- 会议安排在周四，时间选择10:30~15:00，所有人都能参加。

在跟领导汇报时，总经办助理就可以这样表述："我们可以把今天下午3点钟的会议改在星期四上午11点吗？因为这个时间点T总、W经理和S都能参加，且本周只有周四会议室还没有被预订。您看如何？"

这就是结构性思维最主要的两种方法，没有优劣之分。在遇到问题的时候，你觉得哪种结构能表达你的思考脉络就用哪种。坚持一段时间后，你就会发现思考问题时更有逻辑性，说话也更有条理了。总之，告别了一团乱麻的状态，做事的效率和结果都会发生改变。

第七辑

触发行动的欲望,让拖延到此为止

> 当人预设好决定时,就把行为控制权交给了环境。
>
> 行动触发扳机可避免目标受到各类诱惑、坏习惯和其他目标的干扰。
>
> ——奇普·希思,丹·希思《瞬变》

触发的本质是告知：Just do it now

你有没有过这样的时刻：脑子里的想法很清晰，知道自己该做什么，也愿意去做这件事，且具备完成它的能力。然而，你却迟迟都没有采取行动，一直拖延着，继续原地踏步。

乔纳森·海特在《象与骑象人》里告诉我们，人的情感面像一头大象，理智面是骑象人。骑象人骑在大象的背上，手里握着缰绳，俨然一副指挥者的样子。可是，骑象人对大象的控制水平并不稳定，时好时坏。毕竟，跟六吨重的大象比起来，骑象人显得很渺小。如果大象和骑象人对于前进的方向出现了分歧，那么骑象人注定会落败，丝毫没有还手的余地。

这一段描述，已经把答案告诉了我们，也诠释了生活中的很多情景：总是睡过头，拖延起床时间；屡次戒烟都以失败告终；想要好身材，偷懒不去锻炼……诸如此类。原因很简单，大象喜欢及时行乐，趋乐避苦；骑象人深谋远虑，未雨绸缪。

不过，这并不意味着大象没有优点，它掌控着爱、怜悯、同情、忠诚等多种情感。比如，一位即将成为妈妈的女性，会即刻投入到戒烟的行动中，这是爱孩子、保护孩子的一种本能，也是大象的力量。同时，骑象人也是有缺陷的，它总是过度分析，过度思考，可以想出一堆点子，却迟迟无法作出决策，采取行动。

想要改变，需要双管齐下！骑象人指明方向、制订计划，大象负责前行。当我们有动机、有方向、有计划、有能力，却没有付诸行动时，往往是因为大象这里出了问题。所以说，福格行为模型的第三个关键因素就是触发扳机，激励大象，促使我们立刻采取行动。

举例来说，你总是拖延去健身房锻炼的时间，有一次你下定决心告诉自己：明天早上送孩子上学后，我就直接去健身房。这一心理计划，其实就相当于"行动触发扳机"：遇到特定的触发情境——明天早上，送孩子上学后，学校门口，扣下相应的动作扳机——去健身房。

需要说明的是，触发机制无法强迫我们去做自己根本不想做的事，它只能强烈激励我们做自己知道必须做的事。换句话说，行动触发机制的价值在于我们事先预设了决定。比如，送孩子上学这个情境，触发了下一步的行动——去健身房，省掉了决定环境的反复思考，节约了骑象人用于自我控制的精力。倘若我们压根就没有预设好"要去健身房"这个决定，那么触发机制就是无效的。

当人们预设好决定时，就把行为控制权交给了环境。他认为，行动触发扳机可以避免目标受到各类诱惑、坏习惯和其他目标的干扰。行动触发扳机不是完美的，但是是促使行动发生的简单方法。

如果你决心想要不再拖延一件事，不如设定一个行动触发扳机——我要在什么时间、什么地点、做什么？试试看。

设计特定的环境，让行为发生改变

在工作的过程中，你一定也体验过分神之苦：刚刚进入工作状态，页面突然弹出来一则爆炸性新闻，尽管你知道眼下要做的事情很重要，可那头喜欢热闹的大象却禁不住诱惑，对于富有吸引力的标题难以抵抗……于是，工作就被中断了，完成的时间也开始向后拖延。

能不能解决这个问题？当然可以，且非常简单。当对话框弹出的那一刻，选择设置，让通知不再弹出！只有你想去看的时候，才可以主动去浏览，而不是任由它在电脑屏幕上肆意地闪现！同理，如果你不想被微信、QQ消息干扰，那就不要在电脑页面上登录这些软件，把手机放到视野看不到的地方，如收到背包里、放到抽屉里，待特定时间再拿出来。这样一个很小的操作，就是在设计特定的环境，让不喜欢的行为难以出现。

如果你总是在早晨习惯性地赖床，而自己又很不喜欢这个行为，希望能够不拖延起床时间，闹铃响了就能起来，而不是用手关闭它，假装一切都没发生。那么，你或许可以入手一个"逃跑闹钟",让懒觉睡不成!

"逃跑闹钟"是美国麻省理工学院女学生戈丽·南达发明的,这个闹铃长着轮子。晚上入睡前调好时间,到了第二天早上,逃跑闹铃不仅会铃声大作,还会从床头滚下来,在房间里窜来窜去,迫使你不得不从床上爬下来追着它跑。想象一下:穿着睡衣,趴在地板上,一边努力地睁着眼睛,一边不停地咒骂一只满地乱跑的闹铃,是什么感受?

普通的闹铃或是手机闹铃,按一下或滑动一下就能停止响声,让你接着睡。可是,逃跑闹铃的存在,彻底打破了原来的模式,它重新设计了一个特定的环境——你必须追着它跑,捉住它!这个过程并不好玩,等你追到它的那一刻,你基本上已经睡意全无,让你继续睡也没那个兴致了。

总而言之,设计特定的环境,促使有益的行为更容易发生,让不受欢迎的行为难以发生,可以有效地帮助我们解决很多生活问题。具体要设计什么样的环境,每个人可以结合自身的情况,尽情地发挥想象力与创造力。

把deadline提前，制造危机的感觉

哈佛商学院的两位教授曾经撰文探讨组织变革的问题，他们认为：改变很难是因为人们不愿意改变卓有成效的旧有习惯，只要缺乏燃眉之急，员工总是因循守旧。所以，两位教授特别强调危机的重要性，并且指出：如果有必要，必须制造出一场危机，让人们确信自己大难临头，除了改变别无他法。

在处理拖延的问题上，我们也可以借鉴这个方法。情绪是可以激励大象的因素，想让大象改变拖延的状态，投入行动中去，就要制造一点危机感。宾夕法尼亚大学心理学家马丁·塞利格曼说过："要是鞋子里进了一颗小石子，很硌脚，你就会处理它。"从某种意义上说，想要快速引发特定动作，负面情绪可能对我们有所帮助，它会促使我们把鞋子里的石子倒出来，直面问题。

好莱坞传媒大亨巴瑞·迪勒曾被员工称为"吸血鬼"，他在担任派拉蒙影业公司总裁时，为了促使员工更快地完成工作，偶尔会给制作人员发放一张假的计划表，把所有的完成日期都提前一到两个星期。有下属曾经质疑他的做法，对此巴瑞·迪勒给出的解

释是:"这样的话,即便他们耽误了工期,你还是有时间进行补救的。"

既然我们都有能力或潜力在"最后通牒"来临前完成任务,那不妨就对这个截止日期做人为的调整,利用危机感来触发行动。在接到任务后,把最后期限往前挪一段时间,然后把任务分成几个阶段,计算好每一部分需要花费的时间,一点点按部就班地完成。这样的话,能够有效地避免因目标过大而产生恐惧、焦虑的心理,增加行动阻力。总之,当内心有了紧迫感,就会下意识地珍惜时间,也更容易专注地做事。

屏蔽感受的过程，用行动满足需求

绝大多数人都以为，改变发生的顺序是：分析→思考→改变。可就拖延这件事而言，我们大概都有过这样的体会，越是分析、思考、琢磨，似乎越不容易投入到行动中。当你满脑子都在纠结"要不要去做""做了会怎样""不会做怎样"时，那只大象肯定是不想动的，哪怕它知道做一件有益的事可以带来积极的结果，可眼下的舒适状态它并不舍得放弃。

大象会因为改变带来的不确定性，以及无法把当下的行为和最后的积极结果联系在一起，而抗拒改变拖延的状态。即便我们反复地进行分析论证，也没办法消除这股抗拒的力量。如何才能打破这种模式，少一点纠结犹豫，让行动变得简单一点呢？

我们不妨借鉴《5秒法则》一书中给出的有效建议。这本书是梅尔·罗宾斯在遭遇人生最低谷的时期总结出的心得，当时她遭遇了中年危机，事业陷入瓶颈期，婚姻亮起红灯。与此同时，她的丈夫也面临现金流的困难。家庭的危机让她心灰意冷，对任何事情都提不起精神，每天起床时，她都要经历一场自我斗争。

忽然有一天，她看到了NASA（美国联邦政府的一个政府机构，负责美国的太空计划）发射火箭，倒数计时：5、4、3、2、1，这一刻她忽然受到了启发，她想："明天我要准时起床……像火箭一样发射。我要在5秒之内坐起来，这样我就没时间踌躇退缩了。"

果不其然，她做到了。然后，她开始在生活和工作中更广泛地运用5秒法则，提高自己的行动力，缓解意志力低下的问题，屡试不爽。原本一事无成的重度拖延症患者梅尔·罗宾斯，逐渐地从失败的境地中爬出，并成为风生水起的人生赢家，登上TED演讲分享她的成功经验。她亲身证明了"5秒法则"有效，也在全美掀起了"5秒法则"的运动风潮。

也许你会心生疑问：只是简单的一个倒数计时，真的能让人发生这样的改变吗？其中有什么科学依据吗？答案是肯定的。梅尔·罗宾斯在TED演讲中提到过："当你想改变你人生中的任何一个领域，有一个不得不面对的事实，那就是你永远不会感觉想去做。"

我们都习惯安于舒适区，但这种做法最大的问题是，我们总是告诉自己"这样挺好"，即使得不到最想要的那个东西也会告诉自己"没有它也没什么关系"。我们的内心渴望改变，却不愿逼迫自己，这就是能一直待在舒适区的原因，也是拖延行动的症结。

如果当我们有了达成某个目标的行动直觉时，制造一个所谓的"发起仪式"，即倒数计时5、4、3、2、1，这个时候，我们内心的默认想法就被打断了，而它的出现会刺激大脑的前额皮质，也就是负责行动和注意力的部分,促使我们做出行动。

以运动这件事来说,我想踏上跑步机开始30分钟的有氧训练,但通常我不会马上去做,而是会萌生出其他的想法:晚点再运动行不行?我能不能坚持跑下来?之后,我就可能把这件事往后拖,甚至放弃这一天的训练,安慰自己说休息一下也无妨。

在这件事情上,我的需求是通过运动换得健康的身体,但这种需求与行动之间,却不是直接关联的关系,它们中间还隔了一层"我的感受"。如果在产生需求的那一刻,我开始倒数计时:5、4、3、2、1,那么感受就被刻意屏蔽了,需求与行动则被直接关联起来。这个步骤,就是在夺回我们对自己的控制权。其实,需求与行动之间的关系本来就很简单,通过行动去满足需求,仅此而已。

当我意识到每天要完成至少5000字的稿件时,我会在默念5、4、3、2、1之后,立刻打开电脑。也许,空白的Word文档可能让我产生短暂的不适,但它也会迅速唤起我对文字的记忆,我的记忆神经会自觉给予心理暗示:现在该写稿了,那么,我要确定什么样的主题跟立意呢?渐渐地,我就会进入写作状态。

在尚未形成习惯之前,在做一件事情时,大脑往往需要反复思考,消耗意志精力后,才能做成一件事。如果省去这个过程直接去做,最终将其变成一种自发模式,就不必调动意志力去完成它了。所以,我们要认清一个事实:把一件事情做到"不用思考纠结就能去做",是养成自动习惯的重要前提。

调动最少的资源去完成"第一步"

请你思考一个问题：在生活中，你明明意识到，自己应该去做一件事，可又忍不住想往后拖延。这样的时刻，你通常在做什么？我猜，多数情况下都是待在某处一动不动。

为什么要待在那里一动不动，任由思想挣扎呢？很简单，因为一旦要动的话，就必须告别此时此刻的惬意。现在这么舒服，大象怎么会想去做那些痛苦的事呢？

姑娘小薇下定决心减肥已经不是一次两次了，看着体重秤上的数字，内心不由自主地感到一阵恐慌。她知道，再这样下去的话，已经不是胖瘦美丑的问题了，而是会不会影响身体的健康。按照目前的情况来说，她至少要减掉30斤的体重，才能恢复到正常状态。

30斤！这个目标听起来就吓人，要戒掉高热量的食物和甜品，要迈开腿做累人的有氧运动，想到那个过程她的心里就无比地厌烦，谁不知道坐在沙发上看电视、吃零食是最舒服的？小薇感觉身体里有两个自己在打架，一个自己在说："赶紧减肥！不能这样下去了。"另一个自己说："减肥太辛苦了，也不知道能不能成功，至少要坚持一两年，太久了。"

就这样，小薇一直做着思想斗争，偶尔挣扎着做了一次尝试，下一次还是会拖延。她知道问题所在，也知道自己该做什么，以及怎么做，可就是抵挡不住拖延的力量。

确实，趋乐避苦的大象，并不愿意直接从沙发上站起来，到外面去跑上5公里。毕竟从关掉电视到投入运动或工作，这两个动作需要很大的心理跨度，完成这个任务，得调动强大的意志力，耗费太多的能量资源，太难了！

面对这样的情况，该怎么办呢？注意！这个时候，调动最少的资源去完成第一步：关掉电视！不要去想接下来做什么，也别去想"我要去运动了，要去工作了，关掉电视吧"，更不要有"马上就要去做痛苦的事情"的念头。

为什么呢？因为，当你的思维被消极的念头占据时，你就再也无法动弹了。别忘了，大象的力量是很强大的。只把你的思维放到"关掉电视"这个动作上，抛开其他的想法，完成这个简单到难以失败的任务，你就从舒适、快乐的状态中迈出了第一步。只有先离开沙发，把自己置于一个中立的位置，你才能够去做接下来要做的事。

这种方法，就是在维持现状的状态下，循序渐进地做出改变。简而言之，就是不要一下子想着完成整个任务，更不要希冀立刻就看到结果。只要先从安逸的现状中迈出一小步，脱离那个舒适的圈子，就能给自己带来动力和希望。

体验到有所进展，才能够持续下去

我们都喜欢待在宽敞明亮、一尘不染的屋子里，同时也深刻地了解收拾家务、打扫卫生死角有多么辛苦。有时，由于没有及时打扫卫生，眼见着房间里的杂物变得越来越多，没洗的衣服胡乱地堆砌在床头，厨房的灶台面也已经劣迹斑斑，透明橱窗的架子上已经落了厚厚的一层灰尘……这样的情景令人厌恶，同时也令人焦虑和畏惧。

一时不去处理家务问题，情况就会变得越严重，而我们的内心也会越来越发憷。恶性循环，就这样产生了。那么，我们究竟在恐惧什么？又在逃避什么？

好像，把脏衣服扔进洗衣机，并不是什么难事，也不会令人感到害怕；用一块抹布擦拭灰尘，似乎也不是太困难。可，就是这些微不足道的小事，叠加在一起让我们感到恐惧，忍不住地想要拖延。因为一想到"家庭大扫除"这几个字，我们的脑海里就浮现了一个终极目标：要把整个房子都打扫得一尘不染，才算完成任务。

望着这个艰难的大目标，头脑里的大象想到的是一路需要攻城拔寨的任务，从客厅、卧室到厨房、卫生间，从脏衣服、布满灰尘的柜子到地板、马桶，望而生畏的心让我们无力迈出第一步，感觉要做的事情太多了。

还记得我们前面讲过的目标分解法吗？其实，在处理这类问题时，也可以效仿。有一位名叫马拉·西利的家务达人，就是借助任务分解的思路提出了一个"5分钟房间拯救行动"：

·拿出厨房计时器，定时5分钟

·走到最脏最乱的房间，按下计时器，开始收拾

·定时器一响，坦然停工

这样的操作，是不是很简单？别小看这简单的5分钟，它其实是应对大象的一个小策略。大象不喜欢做那些无法即刻获得回报的事情，如果要让它行动，就得向它保证这个任务很容易完成，只要5分钟就行了，能有多难？

我们都知道，收拾5分钟不会有特别明显的效果，但这并不重要，真正重要的是，你开始行动了！开始一项不喜欢的活动，永远比继续做下去要难。所以，只要开始去做这件事，即便5分钟的时间到了，依然还是有可能继续打扫下去的。大象惊喜地发现，原来收拾这个房间也没有那么困难，并且会开始欣赏自己的成果：干净的洗手池、光亮的马桶、整洁的卫生间，接着是干净的客厅，焕然一新的厨房……自豪感与自信心交替增长，形成良性循环。

"5分钟"相当于一个触发扳机，让大象快速地体会到有所进

展的感觉，从而减少行动的阻力，乐意把有益的活动继续下去。要让不情愿的大象挪动脚步，缩小改变的幅度是关键。延伸到生活中的其他事件，这个办法也同样适用。

6岁半的女儿在练习书法这件事上，经常会因为枯燥、艰难而迟迟不愿动。每天练习5行书法，对她来说是一项大任务。所以，当她望而生畏的时候，我会提醒她说："你可以先试着写一行，就一行，不难吧？"她点点头说："嗯，那我试试吧！"

一行的任务，不那么艰难，十个字而已。很快，她就写完了。然后，我及时地鼓励她说："你看，你已经写完了一行，只剩下4行了！"这时，她得到了安抚，且"渐进"的行为得到了表扬，就比最初的时候，多了写下去的信心和动力。

美国心理学家艾伦·卡兹丁曾经鼓励父母"捕捉孩子表现良好的时刻"。他说："如果你希望女儿每晚做两个小时的功课，就不应该一直等孩子自动自觉写完作业后才给她赞美和鼓励。"其实，这就是及时地给予回馈和鼓励，哪怕是在任务刚开始的阶段。

把"5分钟"触发机制和及时奖励结合起来，不仅能够减少对行动的阻抗，还能够在完成微小的任务后，有动力继续走下去。现在，轮到你了，你想要做点儿什么呢？

第八辑

抗拖这一场持久战,别输在情绪上

> 一件事情或者一个处境,无论它让你生气、恐惧,还是让你受到威胁或者感到无聊,如果你能够正确地对待它们,你就不会陷入拖延的泥沼。
>
> ——简·博克《拖延心理学》

消极与拖延是一对"共生体"

拿破仑说过:"人与人之间只有很小的差异,但是这种很小的差异却可以造成巨大的差异。很小的差异即积极的心态还是消极的心态,巨大的差异就是成功和失败。"

消极与拖延,是一对畸形的共生体。为什么要这样形容呢?之前有网友在贴吧里建立了一个"战拖小组",里面聚集了各种类型的"拖延症患者",看看他们描述的亲身经历,就恍然大悟了。

慢慢蜗牛说:"我就像是一个情绪化的疯子,一点鸡毛蒜皮的小事,都会让我吃不下饭、睡不着觉。我总觉得,自己的心理承受能力太差了,任何风吹草动都足以把我吞没。"

阴郁的云说:"同样一件事,别人想到的都是好的一面,我想到的永远是最坏的一面。我羡慕别人能够充满热情地活着,我就像阴郁的云,做什么都提不起劲儿,拖拖拉拉。"

桑朵阿拉说:"遇到困难的时候,我的想象力就炸裂了,设想到了N种糟糕的结果。我越想越害怕,越想越不敢妄动。那个酝酿已久的花店,到现在也没开起来,我一直在拖着,希望等到合适的时候。可我心里也知道，不管什么时候，困难都不会消失……"

类似这样的帖子，还有一大堆，拖延者们似乎都在借助这个平台，在陌生人面前袒露最真实的声音。现实生活中，很多人会错过机会、遭遇失败，这些都跟心态脱不了干系。就像网友桑朵阿拉说的那样，遇到一点困难就像往后退，告诉自己说："我干不了""算了吧"，结果就真的没有做成。越是消极，失败的次数越多，失败次数越多，积极性就越少，渐渐形成了恶性循环。当一个人觉得生活没有任何意义的时候，他还可能充满斗志地行动吗？

心理学家曾经做过一个统计，每个人每天大约会产生五万个想法。如果你拥有积极的态度，你就能乐观地、富有创造力地把这五万个想法转换成正能量；如果你的态度是消极的，你就会显得悲观、软弱、缺乏安全感，并且把这五万个想法变成负面的阻力。

积极的态度虽不能保证让你心想事成，但它肯定能改变你的生活方式，坚持消极的态度只有一个结局，那就是失败。要让自己充满正面的能量，对抗生活中的种种难题，那就要努力培养积极的心态。这里有几条建议，需要的朋友不妨一试：

· **树立积极的信念**

卡耐基说过："一个对自己的内心有完全支配能力的人，对他自己有权获得的任何其他东西也会有支配的能力。"当你开始运用积极的心态，把自己想象成为一个不拖延、做事高效、出色地应对一切问题的人时，你就已经开始在朝着这个方向走了。

· 常用自动提示语

能够激励你积极思考、鼓励你积极行动的语言，都可以作为自我提示语。当你经常运用这些话的时候，它们会成为你精神的一部分，潜意识也会映射到意识中来，用积极的心态来指导你的思想，控制情绪。比如，现在很多人都喜欢那句话："这都不叫事儿……"遇到难题想逃避、想拖延的时候，你就可以鼓励自己说："先试试看……"习惯了之后，每次遇到类似情形，你就会不自觉地产生这样的想法。

· 用积极的言行感染他人

当你的心态和行动逐渐变得积极时，你会慢慢获得一种美满人生的感觉，目标感也会越来越强烈。很快，别人就会被你吸引，因为人都喜欢与充满正能量的对象在一起。运用别人的积极响应来发展积极的关系，是非常奏效的办法，而且你也能够帮助别人获得正能量。

少想一点"如果",多去思考"如何"

有一段时间,我深受抑郁情绪的困扰。生活中的一些变故,来得太过突然,让我无法在短期内消化,因而饱受煎熬。以至于,后来某日开车时,忽然听到了一句歌词,潸然泪下:"多希望一切重来,再给我一次机会……"

现在,我已经从抑郁的情绪中走了出来,也更能够理解,为什么当时会如此难受?

因为,我不愿意面对发生的事实,一直幻想着有时光机,能回到过去的某些时刻,让一切重新来过;总是幻想着能够改变某些条件,借此来改变现状。我陷在了"如果……"的漩涡中,一直在关注"失去",而忘记了活在此时此刻。那段时间,我积压了大量的工作,该交的稿子拖延了一个月之久。幸好,我提前跟编辑说明了情况,不然真的害人害己。

实际上,延伸思考——陷入"如果"的漩涡,不只是我一个人的问题,它在生活中冒出的频率很高。回想一下,你有没有过这样的想法和念头:

"如果当初去另一家公司就好了,那边的待遇比这儿好多了!"

"如果我早点儿开始做这件事,现在就不用熬得眼皮都睁不开了。"

"如果我有一个通情达理的上司,我会比现在发展得好得多。"

……

不被打断的话,你可能还会说出更多类似的"心愿",恨不得一切都重新来过。可惜啊,这都是无可奈何的叹息和不切实际的空想,沉浸在这样的幻想里,用这样的借口安慰自己,不会让现状有任何的改变,只会让我们的意志更消沉,让问题积压得更多。

美国的一位推销大师在给学员做培训时,经常会给出这样的忠告:做一个只想"如何"的人,不要做一个只想"如果"的人。如何与如果,看似不过是一字之差,实则有天壤之别。

他解释说:"想'如果'的人,只是难过地追悔一个困难或一次挫折,悔恨地对自己说:'如果我没有做这或那……如果当时的环境不一样的话……如果别人不这样不公平地对待我的话……'就这样从一个不妥当的解释或推理转到另一个,一圈又一圈地打转,终是于事无补。不幸的是,世上有不少这样只想'如果'的失败的人。

"考虑'如何'的人在麻烦甚至于灾难降身时,不浪费精力于追悔过去,他总是立刻找寻最佳的解决办法,因为他知道总会有办法的。他问自己:'我如何能利用这次挫折而有所创造?我如何能从这种状况中得出些好结果来？我如何能再从头干起，重整旗鼓？'他不想'如果'，而只考虑'如何'。这就是我们教给推销员的成功方程式。"

这番话，能够解释现实中的很多现象，我们总在习惯用借口去逃避问题，拖延解决问题的速度；而不是选择承担、积极地思考，想着"如何"去实现目标。

经常会听到身边的人说："我要是再年轻一点，也会尝试到其他领域发展。"

年龄真的是门槛吗？曾经，一个65岁的老人创办了一家餐厅，结果他把炸鸡卖到了全世界，这个老人就是哈兰·山德士，他的餐厅就是肯德基；英特尔公司的总裁贝瑞特，也不是年纪轻轻就荣登这个高管的位子的，他接管公司的时候已经60岁了。对有心想做成一件事的人来说，任何时候开始都不算太晚。

还经常听到有人抱怨说："我不是不想改变，只是我学历不高，这是硬伤。"学历真的是限制吗？一个出身贫穷的人，从小没上过学，到了15岁那年才花了40美元在福尔索姆商业学院克利夫兰分校就读三个月，这是他一生中接受的唯一一次正规的商业培训，但这并未阻挡他拥有一片大好的前程。这个穷孩子，在多年后成了有名的石油大亨，他就是洛克菲勒。

"如果"二字，其实就是借口的化身，它是一个无底洞，会吞噬我们积极的心态和行为，让我们忘记责任、忘记上进，变得毫无斗志、胆小怯懦、无限拖延。说真的，与其把时间浪费在不断重复"如果"上，倒不如多想想"如何"去提升自己、改变现状，投入到行动中。

✈ 因恐惧而拖延时，你是在滋养恐惧

在成为自由职业者之前，我也在几家单位坐过班，从事过不同类别的工作。

在培训学校做市场招生时，我们部门有一位女生，业绩平平，也不怎么努力。我们开发客户也不是很顺利，但都在尽力地打电话与客户沟通。再看那女生，总是望着电脑发呆，要么就一直打114，查询某个学校的电话，查到了之后就写下来。

翻看她的记录本，真的是挺清晰的，上面内容详尽，可就是积攒了N多个电话，没打出去几个。她私下里念叨："有点不想做了，遇见那种不讲理的客户，拿起电话就被一顿数落，好像自己怎么得罪他了。所以，就当给部门积累点资源吧，实在不想打电话。"

后来，她开始迟到早退。主管提醒过她几次，做事积极点、麻利点，可每个月交代她的任务，从来没有完成过，总得不停地催她，她才肯动身去做。结果，主管气得只能甩下"片汤话"：愿意干就干，不愿意干就走人，别影响其他人。

其实，那个女生也并非真的不想做，她只是心理承受力没那么

强，害怕面对客户的拒绝。一旦碰到了被拒绝的情形，就觉得备受打击。所以，她明知道自己该做什么，就是推迟着不做，目的就是回避自己害怕的结果——被拒绝，沟通失败。

趋利避害是人的本能，恐惧往往会让我们在不知不觉中选择逃避和后退。人一旦失去了前进的动力，结果必然会被拖延所害。斯坦福大学心理学家卡罗·德威克，曾经做过一项如何应对失败的研究，结果显示：人们面对失败时主要有两种心态——固定心态和成长心态。

用固定心态面对失败的人，很容易陷入失败恐惧症和拖延的深渊中，他们会习惯性地认为：智力和才能是与生俱来的、固定不变的。成功就是要证明自己的能力，特别是在生活或工作受到挑战时，必须证明自己是聪明的、能干的。这样的人不允许自己有错误，一旦犯错，就会给自己贴上"不聪明、没才干"的标签。在他们看来，失败是一件危险的事，只要可以避免失败，避免那个可怕的事实，他们愿意为此承担任何痛苦。

发展心态则不同，这种心态的核心观念是：能力可以发展，只要努力得当，自己可以随着时间变得更聪明、更能干。不擅长一件事是正常的，没必要沮丧，只要愿意去做，从中学习，完全能够掌握一门全新的技能。这类人不会把失败看得太重，在他们眼里，成败无法决定一个人本身的好坏，失败不过是给了自己一个加倍努力的理由，没什么可怕的。

显然，我的那位年轻同事就属于前者。她害怕面对客户的拒绝，害怕沟通不成功，因而拖延着不去打电话。她忽略了一点，没有哪个业务员，从一开始就是精英，他们的成功也是踩着被拒绝走过来的。

有些事情的结果，并不能反映我们的个人价值，且结果本身也不应该是我们关注的重点。我们还要思考，自己能够从中学到什么，得到哪些提升？这才是最重要的，因为能力都是依靠这种方式培养出来的。

什么叫勇敢？不是无所畏惧，而是害怕一件事，却还是选择去做。当我们真的去做了，往往会发现，最初的那份恐惧会在行动的过程中逐渐减少。

就拿打电话联系业务这件事来说，与其坐在那里想象，遭到客户的拒绝有多尴尬、有多难受，倒不如学着去面对和接受一个事实：被拒绝是每一个销售员的必修课，能够理解客户的拒绝，从容地应对拒绝，才有可能提升业务能力，增加成交的概率。

躲，永远是躲不过的，除非你彻底放弃，不再做了。许多困难都是纸老虎，看起来面目狰狞，真的骑上去就会发现，那只是一副吓人的空壳。

去做那些让你害怕的事吧！你会发现，也不过如此。

我不想上班：令人沮丧的职业倦怠

前段时间，许久不见的好友晴，邀约我一起吃饭。

大学刚毕业那会儿，我们俩曾经租住同一个房子，每天下班一起吃饭。那时候，青春正当时，各自都怀揣着对未来的愿景，奔波在找工作的路上。后来，当我们的工作都稳定后，就从那个房子里搬走了，各自找了离单位较近的地方居住。

各自忙碌，各自奔前程，见面的次数也渐渐少了。我还能够想起，当时的晴每天5点钟起床，坐那趟线路超长的728路公交车，从西边的石景山古城一路坐到东边的大望路，那条路真是漫长。可即便如此，为了那份心仪的工作，她依然坚持了好几个月。

这次见面，晴看起来有点沉闷，闲聊了半小时后，她才缓缓道出自己的心事："我想休个长假了。以前，总觉得工作稳定，薪资说得过去，就能一直干下去。可是这一年来，我的状态特别差，对工作没了热情。有时候我就想，难道我这一辈子就这样了？我觉得生活好像离我很远，每天就是公司和家，一切都像模板。"

我忽然想起，晴前两年还嚷嚷着要买个公寓，就问了一句：

"你上次不是说，想要买公寓，还嫌工资低，后来老板给你涨了工资……又有什么新问题了吗？"

晴一脸沮丧地说："哎，现在公司的环境太复杂了，要看老板的脸色，也不能得罪同事，每天上班战战兢兢，太累了。我坐在办公室里，脑子里就一片混乱，回到家也一样，好像就跟上了弦的发条，停不下来。"

想想晴说的那种感受，我自己也有过。在成为自由职业者之前的那一年，我也无比厌恶工作，心情也不顺当，不知道自己天天在干嘛，一天又一天像机器似的奔波在家和公司之间。那段日子，工作效率很低，老板一给自己安排有点挑战性的活，心里就抵触得不行。后来，我意识到自己产生了职业倦怠。晴现在的状况，和我当时非常相像。

所谓职业怠倦，是指上班族无法顺利应对工作重压时的一种消极抵抗情绪，或者是因为长期连续处于工作压力下而表现的一种情感、态度和行为的衰竭状态。严重的怠倦情绪，会让人丧失前进的动力，经常对生活和工作感到厌烦，备受拖延的困扰。

为什么会诱发职业倦怠呢？主要的原因有以下几方面：

·超负荷的精神压力

大脑长期处于高度紧张的状态，就无法得到正常的休息，因而使人感到疲惫，出现焦躁、抑郁、失眠等不良反应。有些销售工作者，每月都要完成一定量的任务，如果完不成，就拿不到提成。为了拿到报酬，很多人就得加班加点地干活，时间长了，势必就出现了职业倦怠。原本能够轻松完成的事，也提不起精神来做。

出现这样的情况后，一定要试着把工作和生活要区分开。上班时专注做事，不要拖拖拉拉，想着下班后再加班；休息的时候，要彻底放松，不要占用生活时间来做工作。这样的话，才能让生活和工作慢慢地恢复平衡。

·不良工作环境的影响

环境对人的生理和心理都有严重影响，长期在高温度、高湿度、高噪声、高光或阴暗的环境里办公，会让人的身体受到损害，出现头疼、脖颈痛、关节疼、视疲劳等问题。身体不舒适，心理定会受到影响，做事效率也会下降。想想看：身体遭受病痛煎熬，心里怎会不焦急难耐？静不下心来，又如何保证工作有序进行？如此恶性循环下去，势必会愈发厌恶工作。

由于每种工作的性质不同，因而需要注意的事项也不一样。就办公室一族来说，总是久坐不动，腰椎、颈椎和视力，是最容易出现问题的，所以要多注意这方面的保护，适当地运动，合理地用眼。对于服务行业而言，可能需要长久站立，这时就要为自己选择舒适的鞋子，多注意对腿部的保护。身体是革命的本钱，有健康才能有充沛的精力。

·缺少展示自我的平台

很多人在公司里找不到自我价值感，因为缺少展示自我才能的平台，故而也就体会不到工作带来的成就感。时间久了，对工作的热情就消磨殆尽了。也有一些人，本身很有才华，公司也有合适的职位，却无法获得领导的赏识，因而对工作感到排斥。

如果遇到了这样的情况，先要明确自己在工作中扮演的是什么角色？是否尽力去做了自己的分内事？公司规模的大小，与晋升空间不是成绝对的正比，无论在哪儿，都要先做出业绩，才能博得关注。如果真的是厌倦这份工作，那也不必空耗时间，不妨去找寻自己的兴趣所在，做喜欢的事，激活内在的动力。

· 人际关系不太融洽

如果每天在公司里，不能与周围成员愉快相处，甚至要面对复杂的人际关系，势必会让人感到疲惫，无法安心工作，慢慢地还会消磨掉对工作的热情。

就这一问题而言，我们无法改变大环境或其他人，只能从自身入手。客观思考，同事是否真的在某些方面为难你了？还是你从内心对他人的言行存在误会或偏见？有时，换一个角度去看问题，换一种态度去处理问题，情况就会不一样。你排斥别人，别人也会排斥你；你对别人礼貌，别人也会对你微笑，气场这东西虽然看不见，可人人都能感觉得到。改善人际关系这件事，任何时候都只能从自己做起。

✈ 让"黑色星期一"不再充满忧郁

写这篇文章时,恰逢星期一。说实话,状态并不是很好。在敲下这些文字之前,我已经晃晃荡荡地耽搁了1个小时。原因就是,周末考试加紧张,思绪还是混乱的,没有调整过来。所以,一下子要进入工作的状态,有点儿不适应。此刻,我体会到了"黑色星期一"的味道。

相信很多上班族都不太喜欢星期一,甚至在周末的傍晚就已经感到心情沉重。因为,星期一意味着要上班了,要开始忙碌而辛苦的一周了,心情不由自主地忧郁。在这种心理的影响下,拖延是最容易冒出来的,导致效率低下;而这种"不出活"的状态,又会进一步加重忧郁、烦躁的情绪。

好在,像今天这样的状况对我来说并非常态,但我还是想就这个问题,跟大家分享一些心得体会。毕竟,星期一会周而复始地出现,如何能在这一天保持轻松的心情,尽量减少拖延、执行力差的负面影响,是一件至关重要的事。

对多数人来说,从周五晚上一直到周日晚上,都属于"假期"。所以，休息日的计划，不仅限于周六日，而是从周五晚上就要开始计划了。可以说，周五晚上的幸福感，对上班族来说是最强烈的，因为再不用想着早起，也可以松一口气，做点喜欢的事了。

有的朋友喜欢在周五晚上约饭、看电影，或是跟家人团聚。无论选择什么样的休闲方式，目的都是为了缓解身心的疲惫，但有一点要注意，周五晚上千万不要太过休闲和放纵，比如熬通宵打游戏、吃喝聚会到凌晨三点，把所有的精力都在这一晚上释放出去。这样做会导致周六疲惫不堪，作息时间被打乱。所以，周五的放松要适当。

周六的时间，可以安排一些耗费体能的活动，比如爬山、打球、远足等。运动会让我们的大脑分泌多巴胺，感到兴奋和快乐，缓解头脑的疲乏，带来敏捷的思维。远足是重归自然的休闲活动，远离城市的喧嚣，体味恬静的美好，对身心是一种极大的放松。况且，和大自然待在一起，能让我们不由自主地打开过度保护的内心，让许多压抑的情绪得到释放。

到了周日，就要充分放松了。这一天，做一些最能放松身心的事情，比如静静地读一本书，看一部电影，给自己做一点喜欢的美食，等等。经过一天的放松后，就到星期日的晚上了。这个时候，我们可能会有一点点恐慌，因为第二天就要到星期一了。

如何应对这种恐慌呢？继续放松是不可取的，它会加重我们的不安，也会导致星期一难以"收心"，无法进入工作状态。最恰当的做法,就是把星期天的晚上,当成一周的开始。在这个时间段,不必去做具体的工作,但可以计划一下下周的工作,作一个简单的规划。

在做这一工作时,我们的脑海会逐渐浮现出清晰的工作思路。提前让自己进入工作的状态,到了星期一的早上,就可以省略掉"入戏"的过程,直接投入工作中,不会浪费时间,更能保证工作的效率。

我们不建议"连轴转",但也不建议周末"过度休闲",要有松有弛,既享受到休闲带来的美好,又有效地克服"星期一综合征"。按照上述的方法试一下,你可能会发现,星期一也没那么可怕和糟糕。同时,这些方法用在长假期间,也可以有效地克服"节后综合征"。

学会为自己营造积极的工作氛围

没有谁能够完全摆脱社交网络，和什么样的人在一起，对我们的影响甚大。拖延存在"传染"的性质，且蔓延的速度非常快。很多时候，你明明坚定信念要一气呵成完成任务，可看到周围的同事叽叽喳喳地聊天，结果忍不住凑过去说了两句。等再回过神来，感觉就不太对了，还得重新酝酿工作情绪。

更为严重的是，如果你周围有个消极怠慢的家伙，成天在你面前晃荡，对你说着"工作没劲""人生无聊"的话，你更会觉得闹心。自控力强的人，也许能做到视而不见、充耳不闻；最怕是自己正处在迷茫阶段时，看着对方那么懒散，那么消极，情绪也会暴跌谷底。

工作环境在那摆着，同事在工位上坐着，你无法逃避，这是不争的事实。可这不代表，你可以"随波逐流"，越是在这样的时候，我们越需要努力地适应环境，在消极因素的干扰下，营造出属于你自己的积极氛围。

有什么可行的办法吗？你可以试着给自己列几条规则，例如：

- **杜绝八卦闲聊**

有效地利用工作时间,减少不必要的分心和干扰,是提升效率的重要因素。如果随意把时间和精力分配给八卦杂志、娱乐新闻、黑色幽默、闲扯闲聊,很难高质高效地做完成任务。况且,办公室不是闲聊之地,一不小心八卦到了某位同事的私生活,麻烦就更大了。与其耽误时间给自己找麻烦,不如将时间用来安心工作。

- **与积极的人为伍**

如果整天跟悲观消极的人聊天,我们的情绪也会受到影响,总得需要一点时间才能把自己从那种情绪中拉出来。这种不必要的精力耗费能省则省,远离拖延症患者,多跟积极向上、行动力强的人打交道,是对自己的一种保护。

- **参加有益的培训**

表妹所在的公司经常会邀请一些知名的顾问来给员工做培训,她几乎每次都参加。以前,表妹总觉得培训没什么用,教不了自己什么专业性的东西。后来,她慢慢发现,其实培训的内容很丰富,而很多人缺乏的也不仅是专业知识,还有良好的心态。

除了公司组织的培训以外,表妹还会自己寻找一些讲座活动。一年下来,她参加过五六次讲座,收获颇多,还结交了很多志同道合的朋友,以及一些公司的中层管理者,间接地扩大了她的交际圈和知识面。

・理性对待工作机会

踏实是一种品性，更是一种心性。有些人原本有自己的工作目标，可看到周围的人做了其他行业，赚了钱、升了职，自己就动摇了，甚至还想着转行。手里的工作没做好，就跑到招聘网上留意信息了。看了半天，又觉得自己没经验，转行也不容易，还得继续做现在的事。好端端地浪费了几个小时。

对待工作这件事，不能因为出现一个看似不错的机会就放弃自己的选择，也不能因为看到更高的薪水就马上想到辞职。在做抉择之前，要仔细想想那些机会是否适合自己？自己是不是真的喜欢？如果感觉各方面都非常合适，那自然要抓住；如果只是一时兴起，那最好不要耽误时间，影响正常的工作情绪。

为自己营造积极的工作氛围，没有固定的方法，可以根据自身的情况设立适用于自己的规则。有了这样的"框架"，即便周围存在拖拉消极的人，有不停的抱怨声，也可以稳住自己的心，及时提醒自己该做什么，不该做什么。

摒弃消极的完美,当个最优主义者

原来的圈子里,有一个朋友转行去做了编剧。从入行的那天起,他就想着自己肯定会大红大紫。他对自己的情节掌控能力很自负,同时对自我要求也很苛刻,不允许自己的作品有瑕疵。在他看来,剧本中出现错误,是不可饶恕的。

虽是新人,可他认为自己的水平不逊色于那些大咖,如果把自己的作品拿出来,肯定会受到不少影视公司的青睐。不过,他心里也有些忐忑,担心那些影视公司"有眼不识金镶玉",不是能认出"千里马"的伯乐。如果被拒绝了,就代表他的才子头衔是浪得虚名,他没有那般优秀。这样的结果,是他无法接受的。

他内心充满了矛盾,并在矛盾中不断地拖延。他拖着不去写剧本,拖延交稿的时间,不愿把稿子送到任何一家影视公司。每次有人问起他的工作进展时,他总说还在酝酿,好东西不是随随便便就能出来的。可是,至于剧本什么时候能写好,他自己也没有一个deadline。

很显然,这个拖延者掉进了消极完美主义的深坑。

关于"消极的完美主义",百度百科上的解释是这样的:"在心理学上,具有消极完美主义模式的人存在比较严重的不完美焦虑。他们做事犹豫不决,过度谨慎,害怕出错,过分在意细节和讲求计划性。为了避免失败,他们将目标和标准定得远远高出自己的实际能力。"

消极的完美主义,最突出的特点不是追求完美,而是害怕不完美。美国影响力女性之一,《脆弱的力量》一书的作者布琳·布朗认为,消极的完美主义并不是对完美的合理追求,它更多地像是一种思维方式:如果我有个完美的外表,工作不出任何差池,生活完美无瑕,那么我就能避免所有的羞愧感、指责和来自他人的指指点点。"

消极的完美主义给人带来的直接影响是什么?

第一,很难着手去做一件事,喜欢拖延,一想到中途可能遭遇失败,就会选择放弃;

第二,容错率特别低,任何事情稍有瑕疵,就全盘否定,陷入沮丧和自我怀疑中;

第三,反感他人的批判与挑剔,一听到反对意见,情绪就会产生波动。

你应该可以想象得到,当一个人陷入了这样的状态中时,会产生多么严重的精神内耗。伏尔泰曾经说过:"完美是优秀的敌人。追求卓越没有错,但是苛求完美就会带来麻烦,消耗精力,浪费时间。"事实的确如此,这个世界本就不存在绝对的完美,任何事物都会有瑕疵,我的理想和现实在不断地发生冲突,而我在那些年里,也备受挫败感带来的情绪困扰。

对自己有高要求、设立高标准不是错,毕竟人要不断地迈出舒适区,才能发展更强的能力。但如果无法完成预先设定的目标,是不是意味着自己不够好呢?在消极的完美主义者看来,答案是肯定的。他们通常用目标的完成情况来评价自身价值,思维比较僵化。不仅设立的标准高,且一旦达不到标准,就会强烈地自责。

弗洛姆在其著作《自我的追寻》中写道:"如果一个人感到他自身的价值,主要不是由他所具有的人之特性所构成,而是由一个条件不断变化的竞争市场所决定,那么,他的自尊心必然是靠不住的。"在这样的前提下,消极的完美主义者必然会感受到更大的压力,滋生更多的负面情绪。

同样的境遇,如果换作积极的完美主义者,他们会给予自己更大的空间进行调整。实现目标之后,也会获得成就感和满足感。正因为此,这种完美主义者也被称为"最优主义者"。

作家村上春树就是一个典型的例子:他说自己无论状态好坏,每天都会雷打不动地写4000字。如果实在没有灵感,就写写眼前的风景。即便写得不够好,还有修改的机会和空间,一鼓作气写完第一稿,就是为了能给后面的修改提供基础,最糟糕的是没有内容可修改。

这就是"最优主义者"在现实中的呈现，不是没有更高的追求和期待，而是不被"害怕不完美"的想法束缚；同时，也没有陷入到极端思维中，认为稍不完美就是失败。

那么，如何培养"最优主义者"的思维模式呢？我们可以借鉴哈佛大学积极心理学与领袖心理学讲授者泰勒·本-沙哈尔博士提出了一个3个"P"理论：

· Permission——允许

接受失败和负面情绪是人生的一部分，要制定符合现实的目标，采用"足够好"的思维模式。不必要求自己非得达到令人望尘莫及的高度，符合60分的标准，就要给自己一些鼓励和认可，不必非得达到100分的标准，才认为是好的。

· Positive——积极面

看事物的时候，要多寻找它的积极面。就算是遇到挫败，也可以将其视为一个学习的机会，看看是否能够从中学到些什么？

· Perspective——视角

心理成熟的人，具备一项很重要的能力，就是愿意改变看待问题的视角。你不妨问问自己："一年后，五年后，十年后，这件事还这么重要吗？"当我们试着从人生的大格局来看待问题，就像拍照时拉远了镜头，视角会变大，能够看到一个更宽阔的视野。

完美不过是一种理想境界，可以无限接近，却不可能达到。如果非要执着地追求完美，那就是无谓的固执。固执带来的结果很明显，怎么做都达不到完美，内心却还纠结于此，必然会产生拖延，得不偿失。